中国海洋经济发展报告

2019

国家发展和改革委员会　自然资源部　编

海洋出版社

2020年·北京

图书在版编目（CIP）数据

中国海洋经济发展报告. 2019 / 国家发展和改革委员会, 自然资源部编. — 北京 : 海洋出版社, 2020.3
ISBN 978－7－5210－0589－9

Ⅰ. ①中… Ⅱ. ①国… ②自… Ⅲ. ①海洋经济－经济发展－研究报告－中国－2019 Ⅳ. ①P74

中国版本图书馆CIP数据核字(2020)第040141号

责任编辑：高朝君　肖　炜
责任印制：赵麟苏

海洋出版社 出版发行
http://www.oceanpress.com.cn
北京市海淀区大慧寺路 8 号　邮编：100081
北京顶佳世纪印刷有限公司印刷
2020年4月第1版　2020年4月北京第1次印刷
开本：787 mm × 1092 mm　1 / 16　印张：7
字数：78千字　定价：68.00元
发行部：62132549　邮购部：68038093
总编室：62114335　编辑室：62100038

前　言

2018 年，国务院有关部门和沿海地方各级政府以习近平新时代中国特色社会主义思想为指导，全面贯彻落实党的十九大和十九届二中、三中全会精神，按照《中华人民共和国国民经济和社会发展第十三个五年规划纲要》《全国海洋经济发展“十三五”规划》的有关要求，深化海洋领域供给侧结构性改革，稳步推进海洋经济发展的各项工作，海洋经济呈现总体平稳的发展态势。2018 年 12 月，受国务院委托，国家发展和改革委员会、自然资源部向全国人大常委会作了《关于发展海洋经济　建设海洋强国工作情况报告》。

为全面反映海洋经济发展情况，国家发展和改革委员会、自然资源部共同组织编写了《中国海洋经济发展报告 2019》（以下简称《报告》）。《报告》总结了 2018 年我国海洋经济发展的总体情况，梳理了沿海省（区、市）2018 年海洋经济发展主要成效与措施，并提出了 2019 年推动海洋经济发展的工作重点。为加快培育新动能，提升海洋经济发展水平，《报告》专门设立“海洋新兴产业发展情况”一章，分别对 2018 年海水淡化产业、海洋可再生能源业、海洋药物与生物制品产业全球发展形势和我国相关产业发展亮点、典型案例等进行了分析与总结。

《报告》中的沿海地区海洋经济发展情况由沿海省（区、市）发展和改革委员会、自然资源管理和海洋行政管理等部门供稿，同时，本《报告》在编写过程中得到了国务院有关部门的大力支持，在此一并表示感谢。

编　者

2019 年 10 月

目　录

第一章
我国海洋经济发展情况

第一节　总体情况

1. 海洋经济总量再上新台阶，引擎作用持续发挥

2018 年，我国海洋经济运行呈现较强的稳定性。海洋经济总量突破 8 万亿元大关，达到 83 415 亿元。按照年平均汇率折算，我国海洋生产总值已达到 1.3 万亿美元，与上年相比增长了 6.7%，高于国内生产总值增速 0.1 个百分点。海洋生产总值占国内生产总值的 9.3%，在国民经济中的比重与往年相比变化不大。海洋经济带动国民经济增长和改善民生的作用持续发挥，海洋经济对国民经济增长的贡献率达到 9.4%，拉动国民经济增长 0.6 个百分点；全国涉海就业人员 3 684 万人，占全国就业人数的比重为 4.7%，与上年持平。

表 1-1　全国海洋生产总值、增速及比重[1]

指标	2015 年	2016 年	2017 年	2018 年
海洋生产总值（亿元）	65 534	69 694	76 749	83 415
海洋第一产业增加值（亿元）	3 328	3 571	3 628	3 640
海洋第二产业增加值（亿元）	27 672	27 667	28 952	30 858
海洋第三产业增加值（亿元）	34 535	38 456	44 169	48 916
海洋生产总值增速（%）	7.0	6.7	6.9	6.7
海洋生产总值占国内生产总值比重（%）	9.6	9.4	9.4	9.3

1　本报告中部分数据因四舍五入的原因，存在与分项合计不等或海洋三次产业比重合计不等于 100% 的情况。本报告中部分指标存在年度数据调整的情况，以最新年度报告为准。

2. 海洋产业结构持续优化，海洋第三产业“稳定器”功能更加突出

2018 年，我国海洋经济发展结构进一步优化，海洋第一产业、第二产业、第三产业增加值占海洋生产总值的比重分别为 4.4%、37.0% 和 58.6%，海洋三次产业结构连续 6 年保持“三、二、一”的态势。海洋第一产业和海洋第二产业占海洋生产总值比重与上年相比，分别下降了 0.4 和 0.7 个百分点。海洋第三产业发展势头强劲，占海洋生产总值的比重比上年提高了 1.1 个百分点，继续发挥着海洋经济“稳定器”的作用。海洋传统产业结构调整效果显现，海洋捕捞产量明显减少，海洋渔业资源出现恢复性增长；海洋天然气产量再创新高，达到 154 亿立方米，比上年增长 10.2%。以海洋生物医药、海洋电力和海水利用为代表的海洋新兴产业持续快速增长，增速达到 10.4%，高于同期海洋经济增速 3.7 个百分点。

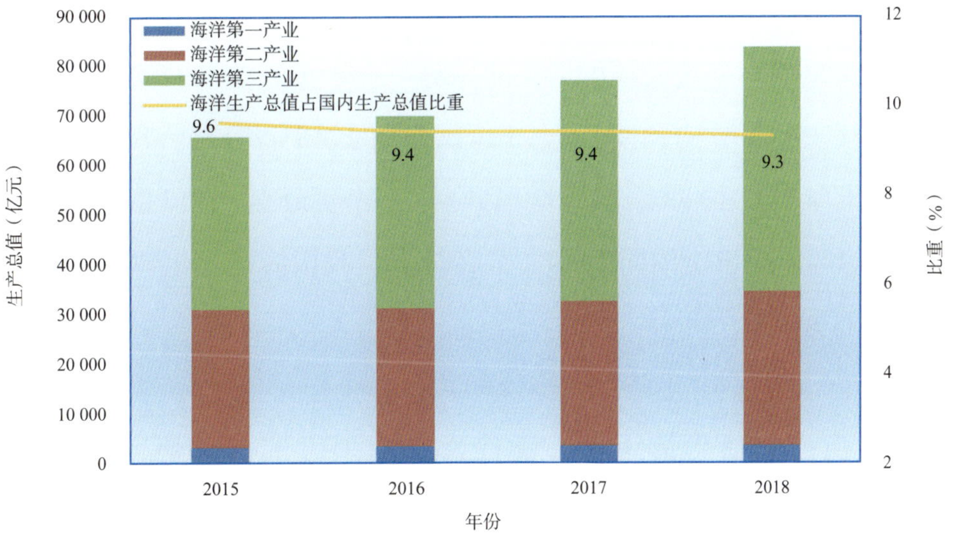

图 1-1　2015—2018 年全国海洋生产总值情况

3. 海洋供给侧结构性改革成效显著，海洋经济发展质量进一步提高

2018 年，我国海洋领域供给侧结构性改革继续全面推进，成效显著。一是去杠杆、降成本效果明显。全年重点监测的规模以上涉海工业企业资产负债率为 56.0%，同比降低 3.6 个百分点，低于全国同期 0.5 个百分点；每百元主营业务收入中成本为 78 元，同比减少 1.7 元，低于全国同期 5.5 元。二是涉海企业效益总体上升。2018 年，重点监测的规模以上涉海工业企业主营业务收入利润率为 10.7%，比上年同期提高 3.2 个百分点，高于全国同期 4.2 个百分点。

4. 海洋对外贸易快速增长，海洋经济外向型特点愈发显著

随着我国一系列促进外贸稳定增长的政策措施的落实，促进了贸易伙伴的不断扩展。2018 年，我国涉海产品进出口贸易总额和海运进出口贸易总额均呈现大幅度增长的态势。全年重点监测的涉海产品进出口总额比上年增长 14.9%，高于全国同期 2.3 个百分点。其中，出口总额比上年增长 10.8%，高于全国同期 0.9 个百分点；进口总额比上年增长 35.1%，高于全国同期 19.3 个百分点。我国海运进出口贸易比上年增长 11.8%。

5. 区域海洋经济发展平稳，海洋产业集聚发展成趋势

2018 年，我国区域海洋经济继续保持均衡平稳的发展态势。沿海

地区的北部、东部、南部三大海洋经济圈的海洋生产总值分别为26 219亿元、24 261亿元和32 934亿元，与上年相比分别名义上增长了7.0%、8.0%和10.6%，增速有小幅度回落；海洋生产总值占全国海洋生产总值的比重基本稳定，分别为31.4%、29.1%和39.5%。海洋经济创新城市和海洋区域创新示范区建设有序推进，推动了海洋战略性新兴产业园区、基地、众创空间和科技企业孵化器的建设。各类基地、园区等积极引入产业创新发展要素资源和各类金融资本，集聚了一批相关产业的高技术和初创期企业，区域内重点产业呈现集群式发展趋势。一些海洋中心城市依托海洋高端装备产业基础和新区、自贸试验区等政策和制度创新优势，打造保税区、临港区、高新区海洋科技园等海洋先进制造业集聚区，形成了一批千亿元级海洋工程装备产业集群。

表 1-2　三大海洋经济圈海洋生产总值、占全国海洋生产总值比重及增速

	2017年			2018年		
	海洋生产总值（亿元）	海洋生产总值占全国海洋生产总值比重（%）	海洋生产总值与上年相比名义上增长（%）	海洋生产总值（亿元）	海洋生产总值占全国海洋生产总值比重（%）	海洋生产总值与上年相比名义上增长（%）
北部海洋经济圈	24 507	31.9	8.2	26 219	31.4	7.0
东部海洋经济圈	22 470	29.3	8.7	24 261	29.1	8.0
南部海洋经济圈	29 772	38.8	12.9	32 934	39.5	10.6

第二节　海洋资源利用与海洋生态环境保护

1. 海洋资源管理进一步加强

2018 年，国务院有关部门出台多项措施，加强对海洋资源的管理与保护。1 月 17 日，国家海洋局举行围填海情况新闻发布会，宣布结合围填海督察整改工作将采取“史上最严围填海管控措施”。2 月 8 日，农业部发布《关于调整海洋伏季休渔制度的通告》，沿海省（区、市）先后部署出台伏季休渔工作方案，实施堪称“史上最严”的伏季休渔制度。7 月 5 日，自然资源部发布《关于海域、无居民海岛有偿使用的意见》，提出“到 2020 年，基本建立保护优先、产权明晰、权能丰富、规则完善、监管有效的海域、无居民海岛有偿使用制度”。7 月 14 日，国务院印发《关于加强滨海湿地保护严格管控围填海的通知》，明确要严控新增围填海造地，加快处理围填海历史遗留问题，加强海洋生态保护修复，建立滨海湿地保护和围填海管控长效机制。其中，新增围填海要严格审批程序，国家重大战略项目涉及围填海的，由国家发展和改革委员会（以下简称“国家发展改革委”）、自然资源部提出审核意见，按程序报国务院审批。12 月 20 日，自然资源部、国家发展改革委印发了《关于贯彻落实〈国务院关于加强滨海湿地保护严格管控围填海的通知〉的实施意见》，细化了可开展新增围填海审核的两类国家重大战略项目认定标准和有关审核程序等。

2. 海洋生态环境保护持续推进

2018 年，我国海洋生态环境状况整体稳中向好，海水环境质量总体有所改善，近岸海域优良水质比例为 74.6%，较上年上升了 6.7 个百分点。国家有关部门和机构进一步强化海洋生态环境保护措施。1 月 5 日，最高人民法院发布《关于审理海洋自然资源与生态环境损害赔偿纠纷案件若干问题的规定》，规范统一裁判尺度，全面加强海洋环境的司法保护。2 月，国家海洋局印发《全国海洋生态环境保护规划（2017 年—2020 年）》，明确了今后一段时期海洋生态环境保护工作的时间表和路线图。11 月 30 日，经国务院同意，生态环境部、国家发展改革委、自然资源部联合印发了《渤海综合治理攻坚战行动计划》，明确了渤海综合治理工作的总体要求、范围与目标、重点任务和保障措施，提出了打好渤海综合治理攻坚战的时间表和路线图。

第三节　海洋科技创新发展

1. 海洋领域的科研项目支持力度持续加大

2018 年，海洋领域国家重点研发计划启动 2 个专项 55 个项目。其中，“深海关键技术与装备”重点专项启动实施了“深海潜水器谱系化技术集成与高效运维保障平台系统”等 35 个项目。“海洋环境安全保障”

重点专项启动实施了“南海及邻近海域海气界面参数快速机动组网观测”等20个项目。

2. 海洋监测与通信技术取得长足进展

2018年，海底观测网重大项目顺利通过验收，在南海和东海分别建成了试验网。“透明海洋”重大专项在关键海域构建了长期、连续、实时的立体观测网。我国自主研发的首套海底环状生态监测观测网成功布放，实现对目标海域水质全程监测和突发性水质风险准确预警。自然资源部南沙群岛永暑礁、渚碧礁、美济礁海洋观测中心正式启用。首艘载人潜水器支持母船“深海一号”顺利下水，为我国再添一大洋调查利器。国际首创的具有全双工通信能力和组网能力的水声通信机研制成功。“海洋二号B”卫星成功发射，成为我国海洋卫星全球组网的首发卫星。

3. 深海极地探测和技术装备研发屡创佳绩

我国第三次万米深渊综合科考完成各项任务，并取得“在7 012米水深发现索深鼬鳚属鱼类”“获取马里亚纳海沟与雅浦海沟之间关键通道的断面水文数据和水体样品”等多项国内或国际首次的科考成果。截至2018年年底，“深海勇士”号共高效完成115次下潜作业，创造了连续下潜、夜间下潜、多潜水器联合作业等10个国内“第一次”，“海燕”万米级水下滑翔机于2018年4月在马里亚纳海沟附近海域深潜至 8 213 米，创造水下滑翔机工作深度的新纪录。全海深关键材料自主研制取得突破，新型高强度、高韧度可焊接钛合金已用于深海载人舱的开发，高性能空心玻璃微球完成工艺定型和量产，达到世界领先水平。我国首艘专业极地科学考察破冰船“雪龙 2”号正式下水。

4. 海洋资源开发与海洋生态环境保护取得多项阶段性技术成果

全球首艘 40 万吨智能超大型砂矿船成功交付。我国首座具备完全知识产权的海上升压站——江苏南通振华海工基地 300 兆瓦海上风电项目 220 千伏海上升压站成功验收，标志着我国海上风电项目首次实现了电气一次设备国产化。大直径随钻测井系统装备完成了样机研制并开展性能验证。深水双船拖曳式海洋电磁勘探系统完成 2 次单船海试。适用于深海、深地层的地震拖缆传输技术及通用平台已完成多项核心难点关键技术攻关。随钻电磁波传输技术完成了复杂地层和井眼环境的随钻传输电磁建模和仿真软件的研制。海洋微塑料监测和生态环境效应评估技术，全面揭示了我国沿海海域微塑料污染的状况、组成与数量分布，初步建立了我国近海微塑料输运的数值模型、生态风险评估方法和我国年平均入海微塑料量估算与预测模型。“渤海入海污染源解析与水质目标管控关键技术研究与示范”项目，初步确定了渤海的污染成因和有限控制污染物，初步建成了渤海环境立体监测技术体系，并开展了部分海域综合整治技术示范。

第四节　金融支持海洋经济发展

1. 不断优化金融服务顶层设计

2018年，中国人民银行等八部委联合发布《关于改进和加强海洋经济发展金融服务的指导意见》（以下简称“指导意见”），围绕推动海洋经济高质量发展，明确了银行、证券、保险、多元化融资等领域的支持重点和方向。为落实指导意见，加强对政策性、商业性金融机构支持海洋经济的引导，有关部门分别联合中国农业发展银行、中国工商银行，先后出台《关于农业政策性金融促进海洋经济发展的实施意见》《关于促进海洋经济高质量发展的实施意见》，提出构建农业政策性金融支持海洋经济的金融服务体系，促进海洋领域投融资产品与服务方式的创新，推动海洋经济由高速增长向高质量发展转变。

2. 大力培育海洋产业基金

天津港保税区管理委员会、自然资源部海水淡化与综合利用研究所与工商银行天津分行签约设立“天津市海洋经济发展引导基金”，基金首期规模2亿元，重点支持创新示范项目及战略性新兴产业项目。青岛国信集团等发起设立青岛市海洋新动能产业投资基金，基金目标规模44.5亿元，以“母—子”架构设计，专注于海洋领域投资，加速推动海洋产业新旧动能转换。海垦控股集团联合招商局资本、中国农垦产业发展基金，发起设立海南农垦产业发展股权投资基金，基金目标规模50亿元，首期10亿元，重点支持农垦产业以及海洋经济等新兴产业。

3. 积极拓宽投融资渠道

搭建多方交流合作的平台，推动海洋产业多层次对接资本市场。自然资源部海洋战略规划与经济司、广东省自然资源厅与深圳证券交易所在广东省湛江市联合举办海洋中小企业投融资路演暨项目推介活动，促进了涉海民营经济发展，拓宽了民营企业融资渠道。海南三亚市金融工作办公室举办海南优质项目投融资对接会，开展了涉海项目的路演活动。国家海洋技术转移蓝谷中心在青岛举办海洋产业投资基金推介暨涉海科技成果路演活动。

4. 持续创新涉海金融产品服务

广西银海国民村镇银行利用法人机制灵活、决策链条短的特点，推出“渔业燃油贷”“渔业加工贷”“渔船建造贷”等系列产品。中国工商银行汕头分行深化银企合作,通过“物流企业＋公司＋农户＋基地”模式，为企业设计水产品质押融资方案，用于付还农户水产品收购款，加快企业资金周转，有效促进本地水产养殖户及农业加工企业的生产经营。焦作中旅银行发起设立的海昌海洋公园入园凭证资产支持专项计划成功实施，为大连海昌旅游集团融资10亿元。恒丰银行与烟台市政府签署“支持海洋经济发展新旧动能转换”战略合作协议，未来3年将提供300亿元的综合金融授信支持。

5. 不断提升海洋渔业保险保障能力

充分发挥政策性保险普惠作用。广东省印发《广东省政策性渔业保险实施方案》和《广东省政策性水产养殖保险实施方案（试行）》，在全省开办渔民人身意外伤害保险、船东雇主责任保险、渔船财产保险，并选择部分沿海区域开展水产养殖保险试点。浙江省政府办公厅印发《关于加强政策性渔业互助保险工作的意见》，提出扩大参保对象、保险险种和责任范围，完善渔业互助保险运行机制，不断提高渔业生产风险保障水平。积极探索特色渔业专项保险。江苏省渔业互助保险协会持续推进紫菜养殖保险试点，福建省渔业互保协会联合保险公司推出水产养殖台风指数保险，大连市保险机构推出水产制种保险，湛江市推出马氏珠母贝养殖保险项目，广西北海市试点开展珍珠贝养殖风力指数保险。

第五节　海洋经济对外合作

1. 海洋技术与产业国际合作持续深化

我国不断深化与沿海国家的海洋领域务实合作。2018年10月，中国与法国首次合作研制的海洋卫星发射成功，首次实现海上风场和海浪同步观测。11 月，中国与菲律宾两国政府签署关于油气开发合作的谅解备忘录。中国与缅甸签署合作开展缅甸皎漂经济特区深水港项目建设框架协议。广西北部湾国际港务集团投资建设的马来西亚关丹港深水码头一期项目投入运营。2018 年年底，中国与俄罗斯合作的亚马尔液化天然气项目完成建设，预计每年将生产 550 万吨液化天然气。一批中国企业承揽、承建了沙特阿拉伯、文莱、印度尼西亚、哈萨克斯坦、委内瑞拉等国家的海水淡化工程项目，推动海水淡化自主技术和装备走出国门。2018 年，我国与海上丝绸之路相关国家进出口贸易总额超过 1 万亿美元，继续保持两位数增长。

2. 双边、多边国际合作与交流不断深入

我国通过技术援助，编制完成《佛得角圣文森特岛海洋经济特区规划》《柬埔寨海洋空间规划（2018—2023 年）》，为世界贡献了中国智慧、中国方案。中国与欧盟签署《中华人民共和国和欧洲联盟关于为促进海洋治理、渔业可持续发展和海洋经济繁荣在海洋领域建立蓝色伙伴关系宣言》，携手推进中欧“蓝色伙伴关系”发展。成功组织召开“2018 东亚海洋合作会议”“中国—孟加拉海洋合作与交流研讨会”“2018 年厦门国际海洋周”“海上丝路沿线国家和岛屿国家海洋空间规划国际合作论坛”“第二届北极科学部长会议”等会议和论坛，进一步推动了我国双边、多边海洋领域的国际合作与交流。

第六节　海洋经济管理

1. 海洋经济试点示范工作不断深化

2018 年 11 月，国家发展改革委、自然资源部联合印发了《关于建设海洋经济发展示范区的通知》，明确支持山东威海等 14 个海洋经济发展示范区建设，要求示范区建设突出体制机制创新，围绕主要示范任务形成一批可复制、可推广的经验。2018 年 5 月 29 日至 6 月 7 日，财政部和自然资源部组织对首批 8 个"十三五"海洋经济创新发展示范城市开展中期考核，总结了示范工作取得的阶段性成效、待改进的问题以及下一阶段的安排，有效地促进了"十三五"海洋经济创新发展示范工作的开展。

2. 海洋产业发展环境进一步优化和规范

工业和信息化部、交通运输部、国防科技工业局联合印发《智能船舶发展行动计划（2019—2021 年）》，促进我国船舶工业高质量发展。国家发展改革委和国家能源局印发《清洁能源消纳行动计划（2018—2020 年）》，提出到 2020 年基本解决清洁能源消纳问题。交通运输部等十部门联合印发《关于促进我国邮轮经济发展的若干意见》，推动我国邮轮经济升级发展。农业农村部印发《国家级海洋牧场示范区年度评价及复查办法（试行）》，并公布了国家级海洋牧场示范区（第四批），进一步推动了海洋牧场建设，促进了海洋渔业转型升级、提质增效。

海水淡化行业标准《海水淡化产品水水质要求》发布实施，规定了海水淡化产品水水质要求、水质监测、水质检验方法等。

3. 海洋经济运行监测评估体系不断完善

完成全国海洋经济发展“十三五”规划中期评估，总结海洋经济规划实施中面临的突出问题，提出“十三五”规划实施后期的工作重点和方向。推进全国海洋经济调查，编制涉海单位名录、主要海洋产品分类目录、调查成果图集以及调查方案、管理办法汇编等。编制2018中国海洋经济发展指数，指数评估扩展到沿海省（区、市）。逐月、逐季度编制海洋经济运行月度、季度报告。

第二章

海洋新兴产业发展情况

第一节　海水淡化产业发展情况

1. 全球海水淡化产业发展形势

国际上海水淡化技术已趋成熟，商业化应用已十分普遍。截至 2018 年，全球海水淡化工程规模为 9 820 万吨 / 日，在 160 多个国家得到应用。全球海水淡化水约 60% 用于市政、28% 用于工业、6% 用于电力、2% 用于灌溉、4% 用于其他用途。

目前，国际上海水淡化以反渗透、多级闪蒸和低温多效蒸馏技术为主，其规模占比分别为 68%、18% 和 7%。发展海水淡化产业的主要国家都根据国情和产业发展阶段，形成了“统一规划、统一管理”“以需定产、从优采购”“统一配置、尽产尽销”“科学测算、公平补贴”“持续升级、高效运行”的发展策略，通过技术进步、规模扩大、运行水平提高和政策激励等多种措施降低成本。目前，全球海水淡化成本已由 20 世纪 70 年代的 10 美元 / 吨降至不足 1 美元 / 吨。其中，以色列阿什凯隆（Ashkelon）产量达 33 万吨 / 日的反渗透海水淡化厂的产水售价已降至 0.53 美元 / 吨。

2. 我国海水淡化产业发展亮点

（1）海水淡化项目建设持续推进，规模有所增长

浙江省舟山市嵊山镇 2 000 吨 / 日海水淡化设备调试出水。青岛市蓝色硅谷海水淡化项目、山东省长岛县南长山岛海水淡化项目、首钢集团二期海水淡化工程、海南省大洲岛综合发电及海水淡化项目、福建台山岛海水淡化

项目完成合同或协议签订、招标采购等工作。天津临港海水淡化与综合利用示范基地一期中试实验区基本建设完成，已启动试验装备及设施进场工作。

（2）科研项目稳步推进，重大科研平台落地

“环境友好型海水水处理药剂研制与应用”获得2018年度海洋工程科学技术奖一等奖。“海水淡化分离膜检测技术及标准研究”“正渗透海水淡化关键技术研究与示范”“浓海水梯级利用产业化集成及工程应用”等重大项目通过验收。国家海水利用工程技术研究（潍坊）中心成立。天津市绿色海水水处理药剂企业重点实验室获批筹建。

（3）产业、金融、科技等政策支持力度不断加大

在国家层面，产业、金融、科技等支持性政策陆续出台，鼓励促进海水淡化产业发展。国家发展改革委《关于创新和完善促进绿色发展价格机制的意见》提出，对实行两部制电价的海水淡化用电免收需量（容量）电费。自然资源部《自然资源科技创新发展规划纲要》，提出要“大力发展海水及苦咸水资源利用关键技术，形成规模化利用示范”“积极推进大生活用海水示范园区建设”。国家发展改革委、自然资源部联合发布的《关于建设海洋经济发展示范区的通知》明确将“提升海水淡化与综合利用水平，推动海水淡化产业规模化应用示范”作为天津临港海洋经济发展示范区的主要任务。自然资源部和中国工商银行联合印发实施意见（自然资发〔2018〕63号），将海水淡化装备研发制造、海水淡化产业化规模化示范、海岛海水淡化及综合利用工程列为未来五年海洋经济发展融资支持重点。

在地方层面，一是给予资金政策优惠。天津市、山东省海洋经济发展相关基金将海水淡化及综合利用等产业作为支持重点。山东省物价局发文给予

烟台市长岛县和崆峒岛海水淡化项目用电价格优惠。二是出台海水淡化专项规划。浙江省印发《浙江海岛海水淡化工程实施方案》，提出在舟山、温州、台州等地，分批重点推进50个左右的海岛海水淡化工程建设及升级改造。青岛出台《青岛市海水淡化产业发展规划（2017—2030年）》。

3. 典型案例

（1）舟山市嵊山镇海水淡化厂二期2 000吨/日海水淡化工程

2018年6月29日，浙江省舟山市嵊山镇海水淡化厂二期工程2 000吨/日设备调试运行。嵊山镇海水淡化厂二期工程采用反渗透海水淡化工艺，总投资约2 240万元。该工程实现了居民区全覆盖供水，供水时间延长至每天12小时以上，为海岛居民的生产、生活提供了水资源保障。该工程由嵊山镇人民政府投资建设，上海海疆工程勘察设计有限公司负责工程勘察，舟山市规划设计研究院负责土建设计，杭州水处理技术研究开发中心有限公司负责工艺设计及设备采购、安装，舟山市华康建设有限公司负责土建施工。

（2）京唐钢铁二期10 000吨/日海水淡化项目

2018年7月5日，北京赛诺水务公司中标首钢集团京唐钢铁联合有限公司二期膜法海水淡化项目。该项目工程位于河北省唐山市南部的渤海湾曹妃甸，距唐山市约80千米，距北京市约220千米。京唐钢铁联合有限公司的海水淡化项目分两期建设，一期已配套建设热法海水淡化工程，规模为5万吨/日；二期拟建膜法海水淡化工程，规模为1万吨/日。该项目将采用双膜法工艺，并将与低温多效热法系统进行工艺耦合，膜法海水淡化工程将充分利用热法工程的外排废热，解决北方海域冬季水温低的问题，并同步进行原料水、浓盐水、成品水的串接和调配。

（3）山东省长岛县 2 000 吨 / 日海水淡化项目

2018 年 3 月，北控水务集团有限公司正式签约山东省长岛县 2 000 吨 / 日海水淡化项目。该项目为长岛县政府出资，建设内容包括整体工厂设计、系统集成、安装调试以及 5 年技术运营，项目建成后将全部并入当地市政供水管网。

第二节　海洋可再生能源业发展情况

1. 全球海洋可再生能源业发展形势

（1）全球海上风电业发展方兴未艾，欧洲领军地位突出

全球海上风电起步于 20 世纪 90 年代初的欧洲市场，早期为近海小型项目，2010 年以前，全球海上风电业的新增装机容量基本保持在 1 000 兆瓦以下。2011 年后，全球海上风电业进入大规模商业化发展阶段。2011—2018 年，海上风电装机容量年均增幅达到 27%，占风电总装机容量的比重由 1.7% 上升至 4%。2018 年，全球海上风电市场累计装机容量达到 23 000 兆瓦。其中，欧洲累计装机容量 18 500 兆瓦，占全球的 80% 以上。

（2）海上风电技术呈现大型化、新型化特征

当前，全球海上风电项目已建的风机单机容量普遍为 3 兆～4 兆瓦，但在近两年规划和开发的项目中，6 兆瓦以上机型占据主流。其中，8 兆瓦以

上的机型占70%以上。此外，随着海上风电开发走向深海，固定式风机的基础支撑结构造价呈非线性增长，漂浮式海上风电技术成为未来海上风电行业发展的必然选择。

（3）海洋能领域投资热度持续升高，欧洲研发水平全球领先

根据欧盟发布的2018年度蓝色经济报告显示，2007—2015年，欧洲在海洋能领域投资达到26亿欧元，其中75%的投资来自私营企业。欧盟潮流能及波浪能技术研发团队占全球主导地位，全球约35个潮流能研发团队中，有20个在欧洲（截至2016年）。2017年2月，由英国研制的首台AR1500潮流能发电装置在苏格兰彭特兰湾完成安装，2018年4月进入运营。目前，该装置累计并网发电超过1 000万千瓦时，创造全球潮流能发电纪录。波浪能研究团队有60%来自欧洲，其中以英国居首。

2. 我国海洋可再生能源业发展亮点

（1）我国海上风电业发展加速，全球地位提升

2018年，我国海上风电业快速发展，核准在建海上风电项目稳步推进，累计并网装机容量达363万千瓦。其中，新增并网装机容量160万千瓦，同比增长80%，占全球新增装机容量的36%，居全球首位。

（2）关键性技术不断进步

大功率风电机组制造安装步伐加快。截至2018年年底，5兆瓦风电机组装机容量累计达到20万千瓦，新增了单机容量为5.5兆瓦、6.45兆瓦和6.7兆瓦的机组。海上风电系统的运输、安装和施工技术明显提高。2018年5月，

拥有世界最大起重能力的风电施工平台——“龙源振华 3 号”交付。该平台适用于 8 兆瓦大容量海上风电机组的基础施工及吊装，作业深度可达 45 米。

（3）海洋能科研攻关力度加大

2018 年 5 月，国家设立总额达 1 亿元的海洋可再生能源专项资金，重点支持海洋能技术攻关与发展，包括“海洋能综合支撑服务平台建设（2018 年）”“海洋可再生能源团体标准体系建设”“南海温差能工程化应用研究”“海上试验场海洋仪器设备检验”4 个委托项目和“兆瓦级舟山潮流能并网示范工程建设”“模块组合式波浪能发电装备技术优化及海岛应用示范”2 个招投标项目。

3. 典型案例

（1）国家电力投资集团有限公司的滨海北 H2 号 400 兆瓦海上风电项目

该项目位于江苏省盐城市滨海县北部海域，总装机容量 400 兆瓦。风场中心离岸 22 千米，水深 15 ~ 18 米，海域面积 120 平方千米，安装 100 台 4 兆瓦风机，是目前亚洲已建成的装机容量最大的海上风电场。截至 2018 年 6 月 30 日，全部风机完成并网发电。

（2）三峡福建兴化湾海上风电场一期项目工程

该项目地处台湾海峡西岸北侧，处于台风多发区和季风地区，是我国潮位高、潮差大的大潮区之一。风场中心离岸 2 ~ 5 千米，是全国首个 5 兆瓦级以上的大功率海上风电样机试验风场，引入国内外 8 家风机厂商提供的 14 台风机，创造了机型最新、最多和单机最大等多项纪录。项目于 2018 年 7 月并网。

（3）300 千瓦半直驱水平轴变桨机组

2018 年 3 月，由浙江大学提供技术支撑，国电联合动力技术有限公司研制的 300 千瓦半直驱水平轴变桨机组在浙江大学摘箬山岛海流能发电试验基地入海并成功发电，实现 270 度变桨和并网运行。

（4）LHD 模块化潮流能发电机组

浙江舟山联合动能新能源开发有限公司研制的 LHD 模块化潮流能首期 1 兆瓦机组于 2016 年 8 月并网；2018 年年底，第二代 400 千瓦机组和第三代 300 千瓦机组相继下海发电。截至 2018 年年底，累计发电量突破 120 万千瓦时，稳定并网发电运行时间打破了世界纪录。

（5）"万山号"波浪能发电装置

2018 年，中国科学院广州能源所研制的"万山号"波浪能发电装置在西沙群岛开展了为期数月的示范运行。截至 2018 年 7 月底，"万山号"波浪能发电装置累计发电约 13.55 万千瓦时。

第三节　海洋药物与生物制品产业发展情况

1. 全球海洋药物与生物制品产业发展形势

（1）产业总体规模保持快速增长，行业景气高位运行

海洋药物与生物制品业已成为科技大国争先占领的领域。目前，全球产

业规模已达数百亿美元，并保持年均 15% ~ 18% 的高速增长，行业景气指数持续高位运行。美国强生公司和赫姆孔公司在生物相容性海洋生物医用材料、壳聚糖基止血绷带及敷料开发领域，德国拜耳公司在利用甲壳素和海藻等制备海洋生物农药领域，日本资生堂公司在利用藻类、甲壳素制作化妆品领域，西班牙 Zeltia 生物制药集团在海洋抗肿瘤药物开发等领域均形成了独具特色、具备全球竞争力的产业化成果。预计今后 5 年，全球的产业规模年增长率仍将高达 15% ~ 20%。

（2）竞争日趋激烈，海洋药物新源头成为战略竞争高地

海洋药物与生物制品的行业技术和产品竞争日趋激烈，截至 2018 年，欧洲和美国、日本等发达国家的药品监管机构批准上市的海洋药物有 13 种。全球有近 70 个海洋候选药物经药品监管机构批准，进入不同阶段的临床研究，主要用于抗肿瘤、抗病毒、镇痛和抗凝降脂等。随着各国海洋资源获取装备的发展，海洋生物资源的获取逐步由近海、浅海向开发潜力更大的远海、深海和极地发展。未来有望发现一批全新结构的活性化合物和特殊功能基因，相关探索正在成为海洋生物研究的焦点。西班牙的 PharmaMar 公司联合有关研究机构，每年组织 6 ~ 7 次远洋考察，已累计收集海洋生物样本 42 000 多个，发现抗癌化合物 150 个。

（3）技术进步加速产业化，高风险难挡投资热度

随着药物新靶点发现和验证集成技术、药物高通量、高内涵筛选技术迅速向海洋药物和生物制品业开发转移，候选物发现效率大大提高；同时，基因工程技术、合成生物学等现代生物医药技术极大促进了海洋药物与生物制品业发展潜力的释放，产业化前景巨大。欧洲和美国、日本等发达国

家和地区通过持续投入巨资，大力发展海洋生物药物技术并推进产业化。目前，美国辉瑞制药、礼来，英国葛兰素史克，瑞士罗氏、诺华集团，西班牙 Zeltia 等海洋生物制药领域的跨国公司均建立了行业领先的海洋药物成药性研究技术体系，包括药效、安全性和质量的可控性评价技术，有效确保了产品质量，领先全球行业市场。另外，中国、印度和东南亚等发展中国家和地区的一批中小型海洋生物医药创新型企业也快速成长，均能生产海洋生物提取物及其衍生品。

2. 我国海洋药物与生物制品产业发展亮点

（1）产业保持快速增长，产业化进程实现新突破

2018 年，我国海洋药物与生物制品产业实现增加值 413 亿元，同比增长 9.6%，增速位居主要海洋产业前列。目前，我国已成为海洋生物制品原料生产大国，壳聚糖、海藻酸钠产量占世界的 80% 以上，溶菌酶、蛋白酶、脂肪酶和酯酶等酶制剂实现产业化，止血、愈创、抗菌敷料和手术防粘连产品等海洋功能材料进入产业化实施阶段，壳聚糖止血绷带、海藻糖空心胶囊、海洋多糖植物免疫调节剂、壳聚糖止血粉等海洋生物制品顺利进入市场，海洋绿色农用制剂、寡糖农药应用全面展开，多糖寡糖制品、鱼油制品、蛋白肽类制品等海洋功能食品进一步丰富，鳗弧菌疫苗、迟钝爱德华菌疫苗、虹彩病毒疫苗等海洋动物疫苗实现自主研发。

（2）“蓝色药库”项目阶段性成果丰硕

青岛海洋科学与技术试点国家实验室（以下简称“实验室”）实施“中

国蓝色药库开发计划”，充分发挥基础平台作用，汇聚各类创新资源，为海洋创新药物的研究开发奠定了基础。截至 2018 年，实验室发现新结构海洋天然产物 1 000 余个，占全国的 1/3、全世界的 1/10，获得了一批结构新颖的高活性抗肿瘤、抗病毒等先导化合物，海洋天然产物化学研究水平和产出均已跻身世界前列。

（3）海洋糖类创新药研发处于国际领先地位

目前，我国在海洋糖类创新药物研发中已处于国际领先地位，褐藻酸衍生物 PSS 和 PGMS、褐藻糖胶 HSc 已被国家药品监督管理局批准在临床使用，多种海洋糖类候选化合物处在不同的临床研发阶段。2018 年 7 月，由中国海洋大学、中国科学院上海药物研究所和上海绿谷制药有限公司联合研发的治疗阿尔茨海默病的新药“甘露寡糖二酸”（GV−971）顺利完成三期临床试验，在开发抗阿尔茨海默病新药领域迈出关键的一步。

（4）政策驱动效应显著，产业集聚发展趋势逐步显现

沿海地区大力扶持海洋药物与生物制品业的发展，鼓励企业创新发展，着力打造基地化、园区化产业集聚发展格局。其中，厦门在新药研发、医疗器械等领域打造出一条海洋特色生物医药产业链。青岛市连续发布系列海洋药物与生物制品科研成果，开工建设海洋生物医药科技园，预计实现销售收入 100 亿元。福建成立海洋生物医药产业创新联盟，推动产业企业深度合作。广西出台《广西生物医药产业跨越发展实施方案》，谋划利用北部湾区域丰富的海洋资源，加快海洋药物规模化、产业化发展。

3. 典型案例

（1）“甘露寡糖二酸”（GV-971）顺利完成三期临床试验

2018 年 7 月，以海洋褐藻为来源的“甘露寡糖二酸”（GV-971）顺利通过三期临床试验，并于 2018 年 10 月 16 日递交了新药证书申请，成为首个由我国原创的用于治疗阿尔茨海默病的特效药物，在多途径、多靶点海洋糖类创新药物研发上率先取得突破。

（2）海藻寡糖系列产品研发和产业化

有关研究机构利用深海微生物酶建立了海藻寡糖“一步法”酶解制备技术，实现了海藻的高值化应用。相关制备技术、寡糖的应用开发、寡糖的新用途等研究成果已经获得了 9 项专利，其中一项专利于 2018 年实现成果转化。目前，依托该专利已经形成了生物肥料、化妆品 2 个类别的 5 个系列产品。

（3）智能海洋药物虚拟筛选技术

有关研究机构运用海洋创新药物筛选与评价平台联合高性能科学计算与系统仿真平台，融合数字计算技术，搭建完成智能超算耦合生物实测的海洋创新药物筛选技术体系，为解决制约海洋药物发展的药源问题提供了新技术、新思路。2018 年，依托全球首个海洋化合物三维数据库，针对非洲猪瘟的病原体进行虚拟筛选，迅速找出潜在的可控制疫情的、绝大部分来源于海洋的 75 种天然产物及其对应生物来源，有望开发成生物饲料、生物制品乃至兽药。

第三章

沿海地区海洋经济发展情况

第一节　辽宁省

1. 2018 年海洋经济发展成效及举措

2018 年，辽宁省海洋经济运行总体平稳。据初步核算，全省海洋生产总值达 3 140 亿元，占全省地区生产总值的 12.4%。海洋产业结构不断优化，海洋三次产业增加值比重分别为 10.3%、29.7% 和 60.1%。海洋渔业稳中向好，海洋药物和生物制品、海洋化工等产业增速较快，以海洋旅游业为代表的海洋服务业持续发挥引领作用。

（1）推进海洋渔业供给侧结构性改革

顺利推进国家级海洋牧场示范区建设。大力发展休闲渔业，2 项休闲渔业项目获得首批国家休闲渔业品牌认证。增殖放流中国对虾等苗种幼体，积极推进工厂化循环水养殖，持续增加渔业产量。积极拓展远洋渔业，加强与“一带一路”沿线 16 个国家和地区的渔业合作，先后启动了安哥拉、塞拉利昂等远洋捕捞项目，首次拓展至非洲东部莫桑比克渔场。持续提升水产品精深加工水平，扶持培育海洋药物和生物制品业，打造了“大连医诺生物有限公司”“海晏堂”“辽渔集团”“东霖食品”“獐子岛”“鑫玉龙”“玉洋集团”“环岛食品”等特色品牌。

（2）深入推进沿海经济带建设

发展以大型船舶制造企业为主体的海洋船舶制造业。目前，大连已具备多种船型的自主制造能力。海洋工程装备及船舶制造业加快转型升级，大连船舶重工集团有限公司建造的世界最先进的 A5000 型深水半潜式钻井平台正式交付，进一步优化完善了我国深水钻井高端装备梯队；大连重工·起重集团有限公司研制的全球首支 2.2 万标准集装箱运输船船用曲轴成功下线；东北首个海上风电项目实现并网发电，中国船舶重工集团有限公司的海上风电装备产业园投入使用。石化行业加快向全产业链发展，“油头重、化尾轻”的产业结构得到改善。重点产业加速发展。中国兵器工业集团有限公司与沙特阿拉伯的沙特阿美（Saudi Aramco）石油公司合作开发的 1 500 万吨炼化项目进入实质性阶段；盘锦浩业化工有限公司的高分子材料开发、中蓝电子产业园二期被列入国家东北振兴三年滚动计划项目；辽宁陆海石油装备研究院有限公司开发的海洋工程装备核心部件项目成功入选辽宁省 50 项工业强基重点工程。

（3）加快推动港口资源整合

辽宁省政府与招商局集团正式签署港口整合系列协议，成立辽宁港口集团总部，发挥港口集团作战优势。2018 年，大连港承担东北地区 70% 以上的海运进出口货物和 90% 以上的外贸集装箱运输。营口港充分发挥辽鲁大通道和东北亚物流中心的节点重要作用，2018 年港口货物吞吐量达到 2.93 亿吨，同比上升 13%。丹东港建成粮食、钢材、矿石、煤炭、集装箱等专用、通用泊位 50 余个，先后开通了至美国、日本、韩国和俄罗斯等 70 多个国家和地区的港口航线，2018 年港口吞吐量 10 066 万吨，是东北东部重要的出海通道。沈盘铁路正式通车，盘锦港的节点作用进一步提升，口岸核心能力建设通过国家验收，国家进境粮食口岸申报工作扎实推进；盘锦保税物流中心封关运营，成为全省 8 个海关监管区域之一，港口“单一窗口”应用全面推广，报检业务覆盖率均达到 100%。锦州港作为东北亚海运重要节点的集聚辐射作用进一步发挥，北煤南运重要出海通道和我国内贸粮中转港地位持续巩固。

（4）推进大连东北亚国际航运中心建设

东北亚国际航运中心建设开启新里程，东北亚矿石分拨中心、商品车分拨中心以及国际邮轮港建设取得积极进展，国内首船期货原油在大连港接卸，国内首笔铁矿石期货保税业务在大连港落地。编制完成《大连东北亚国际航运中心建设规划（2016—2025）》，着力打造海空综合运输枢纽、综合物流服务、航运服务三大功能承载区，推进“港口、产业、城市”融合发展。制定出台《关于进一步推进物流降本增效促进实体经济发展的实施方案》，通过设立量化指标，促进物流提档升级。充分发挥大连港集团与中国华粮物流集团北良有限公司的主导作用，推动油品、矿石、汽车、粮食、冷链及木材等货种的分拨中心建设。强化物流中心功能，国家多式联运示范工程重点项目基本完工，瓦房店跨境电商物流产业园、铁成物流园入选国家优秀物流园区。全力推动大连港“壹港通”智慧物流跨界服务大平台建设，该项目成为全国首批 13 个智慧港口示范工程之一。

（5）推进滨海旅游业快速发展

大力发展邮轮产业，加快国际邮轮港建设，打造国际邮轮旅游集散地。推进旅游品牌创建工作，提升滨海旅游品牌影响力，积极打造海岛、海上旅游产品，丰富海洋旅游业态。重点打造营口鲅鱼圈西部滨海旅游带、团山北海国家级海洋公园、滨海温泉旅游聚集区，丹东獐岛、大鹿岛景区进一步提质升级。积极开展海岛整治修复、修建滨海公路、改善海岛水上交通，大力推进“蓝色海湾”建设。沿海城市持续开展旅游大会、赏槐会、啤酒节和国际服装服饰博览会以及“五色游”“听风寻山海　闻香识锦州”等主题宣传推介活动。大连市贝雕展馆、“嗨街”旅游餐饮文化街、蚂蚁岛渔家风情民宿村、长海县大长山岛恒星海（途家斯维登）酒店等一批特色滨海旅游项目顺利实施。

（6）推进海洋生态文明建设

建立完善海域管理和海洋生态保护长效机制，严格落实海洋生态保护红线管控措施，大力实施“蓝色海湾”生态整治修复项目。全面实施“河（库）长制”，建立了通报、督办和约谈机制，采取截污、控源、生态修复等综合措施治水。狠抓超标排污口整改，推进城镇污水处理设施建设，改造、治理黑臭水体。加强生态保护联防联控，在航道、锚地、港区口门附近联合布设监测浮标，重点监测水质、水文、溢油等指标，并逐步进行数据共享，共同防范溢油风险和海洋灾害。探索建立区域联动的生态协同治理机制，实现生态保护红线无缝对接，加大现有自然岸线保护力度，定期开展协同巡查检查。严格执行《辽宁省湿地保护条例》，强化大辽河、辽河、大凌河周边湿地保护力度，及时掌握湿地生态动态变化情况，持续推动生态经济协调发展，湿地保护步入良性循环。

2. 2019 年海洋经济工作重点

（1）统筹引导海洋经济发展

继续培育海洋优势产业，在现有平台的基础上，针对重点项目，选择重点区域，推进海水淡化等新能源、新技术的具体应用。促进沿海传统产业转型升级，拓宽传统产业投融资渠道，引导金融、管理等先进团队及行业协会，设立各类金融产品，整合海洋经济资源，为海洋经济发展提供强力支持。加快辽宁自贸试验区建设，全面扩大对外开放，深度融入“一带一路”建设，加大招商引资力度，充分发挥项目带动作用，为项目提供“店小二”式服务，不断增强沿海经济带发展后劲。

（2）推动港口整合和大连东北亚国际航运中心建设

大力推进沿海六市港口资源整合，打造高效的港口服务体系，促进港口服务功能升级，实现辽宁港口集团所辖港口的业务重组和架构优化调整，全面提升港口协作能力，打造国内一流港口群。推进港口装备智能化，推动大连港、营口港与互联网、物联网、智能控制等新一代信息技术深度融合，实现操作远程化、自动化、无人化。大力发展大连港金融保险、航运物流、跨境电商等航运服务业，打造世界一流航运品牌。

（3）推动海洋经济新旧动能转换

充分发挥海洋资源、空间优势和动能潜力，全力推动辽宁海洋经济新旧动能转换。进一步增强沿海港口的创新能力、海洋现代产业的集聚能力、海洋发展载体的示范能力、海洋生态的可持续能力，加快建设海洋经济强省。强化海洋科技创新，支持高技术船舶、海洋工程装备研究开发，研发海洋工程船舶自主设计、钻采设备、系泊系统、升降装置和中央集成控制系统等关键技术和产品。开展良种创制、智能装备、健康养殖、绿色加工、资源养护与牧场构建、海产品食用安全检测等共性关键技术研究，支持现代海洋牧场建设。

（4）全力推进海洋生态文明建设

打好渤海综合治理攻坚战。深入贯彻落实《生态环境部、发展改革委、自然资源部关于印发<渤海综合治理攻坚战行动计划>的通知》（环海洋〔2018〕158号）要求，加强对渤海综合治理的规划引领和资金投入，加快解决渤海存在的突出生态环境问题。全面实施海洋生态环境监测，加快“蓝色海湾”整治修复。严格落实海洋生态保护红线制度，实施海洋资源开发利用活动管控，对黄渤海红线区域开展常态化监测与监管。强化海洋污染监管和联防联控，最大程度减轻陆源污染影响。切实加强海洋监测体系和防灾减灾能力建设。推进海洋生态环境监测布局优化和能力提升，推进县级海洋环境监测机构建设。加强预警预报和应急演练，提升海洋防灾减灾能力。加快推进各类海洋保护区建设。以“零容忍”的态度，坚决打击一切海洋保护区内的非法行为。坚持高标准、严要求，扎实做好斑海豹、海洋公园、种质资源等各级各类保护区建设。

第二节　河北省

1. 2018年海洋经济发展成效

据初步核算，2018年，河北省实现海洋生产总值2 548亿元，与上年相比名义上增长6.8%；海洋生产总值占全省地区生产总值比重达到7.1%，较上年增加0.1个百分点。海洋产业体系逐步完善，海洋旅游业、海洋交通运输业、海洋渔业、海洋化工业及海洋盐业等传统产业规模不断扩大，海洋电力、海水利用业、海洋工程装备制造业等新兴产业快速发展。海洋产业结构持续优化，三次产业结构占比由2017年的3.6∶34.7∶61.7调整到

2018 年的 3.6 : 32.5 : 63.9，海洋第三产业比重提高 2.2 个百分点。港口功能日趋完善，全省沿海港口生产性泊位达到 213 个，全年完成货物吞吐量 11 亿吨，其中集装箱吞吐量 426 万标准箱，同比增长 13.8%。海洋环境状况稳定向好，全省近岸海域水质达到国家第一、第二类海水水质标准的海域面积比例达到 80% 以上。

2. 2018 年推动海洋经济发展主要举措

为加快海洋经济发展,河北省以“一带(沿海蓝色经济带)三区(秦皇岛、唐山、沧州三个海洋经济区)两极(曹妃甸区、沧州市渤海新区)多园(多个产业园区)”建设为抓手，打造海洋经济发展新格局。

(1)加强组织协调

进一步健全海洋经济综合管理与协调机制，强化河北省沿海地区率先发展领导小组办事机构职能，提高了省、市、县海洋经济管理工作的联动性和工作效能。

(2)强化政策支持

河北省相关部门着力保障国家重大项目用海需求，根据功能定位和管理体制，赋予沧州市渤海新区、曹妃甸区等部分省级经济管理权限，促进了资本、技术和人才等各类要素向沿海地区和海洋领域流动。

(3)深化交流合作

积极承接京津产业转移，先后成立了京冀曹妃甸协同发展示范区、北京·沧州渤海新区生物医药产业园、天津滨海新区·沧州渤海新区协同发展合作示范产业园、秦皇岛（中国科学院）技术创新成果转化基地等，支持鼓励京津骨干企业参与河北省海洋经济发展。

（4）加大开放力度

坚持以开放促开发，向海拓展与向陆辐射并举，发挥秦皇岛、唐山、沧州三市临海临港优势，发展壮大开放型产业体系，推动港口转型升级，增强城市要素聚集能力，构建以港口为龙头、以城市为载体的开放型产业集聚发展新格局，打造全方位开放经济带。出台了《关于加快沿海地区开放开发的实施方案》，全力打造港产城互动融合、京津冀协同联动、国内外无缝对接的全方位开放开发新格局。

3. 2019 年海洋经济工作重点

紧紧抓住京津冀协同发展战略、“一带一路”建设等重大机遇，牢牢把握高质量发展根本要求，以供给侧结构性改革为主线，以创新驱动和改革开放为动力，以港产城互动融合发展为抓手，加快沿海地区开放开发，努力把海洋经济打造成河北省经济新的增长点。

（1）做强做大沿海临港产业

坚定不移化解钢铁过剩产能，以减量置换、提质上档为前提，推进企业兼并重组、退城搬迁和改造升级，鼓励钢铁产能向沿海临港地区集聚，打造具有国际竞争力的精品钢铁基地。围绕打造曹妃甸石化基地为全国一流绿色石化基地，力促千万吨级炼化一体化项目等开工，初步建成以化工新材料和精细化工为特色的大型石化产业基地。促进重型装备生产能力在临港产业区聚集发展，抓好大型燃气轮机、超超临界发电机组等能源装备产业集群建设，支持沧州汽车整车及零部件、秦皇岛汽车轮毂等产业做大、做强，推进唐山丰润轨道交通运输装备产业园区等交通运输装备产业集群发展。做强现代港口商贸物流，推动港口综合运输信息、物流资源交易等平台建设，培育壮大煤炭、铁矿石等一批现货交易中心或价格指数发布中心。

（2）大力推进海洋经济发展

拓展海洋工程装备制造，培育研发钻井平台、浮式生产储卸油装置等关键设备和系统，巩固提升山海关船舶重工有限责任公司等修造船研发生产水平，突破船舶修造与配套工程装备等关键技术。扩大海水综合利用，在唐山和沧州等地建设反渗透膜及膜应用工程研究中心、海水淡化工程研究中心，加快实施一批海水淡化及浓盐水综合利用项目，构建集电力生产、海水淡化、浓盐水综合利用和盐化工等一体化发展的循环经济产业链。积极发展海洋医用材料、海洋生物医药和海洋保健食品等产业，推进沧州华晨海洋生物科技产业园、乐亭生物医药园等建设，引进和培育一批高成长性的海洋生物医药企业和项目。打造滨海旅游精品，推动游艇产业跨越发展，加快唐山国际旅游岛旅游度假区建设，积极打造沧州滨海湿地休闲主题产品。

（3）推动与京津的深度合作

建立完善与京津的合作机制，及时协商解决合作中出现的问题；依托重点园区，积极复制推广北京中关村创新政策。积极承接京津产业转移，加快京冀曹妃甸、津冀芦台汉沽、沧州等产业协同发展示范区建设，推动一批重大疏解项目和科研成果落地实施。充分利用京津和雄安新区高端创新资源，共建一批产业技术创新联盟，打造一批科技成果转化和加工制造基地。

（4）夯实科技创新关键支撑

打造高水平创新创业平台，以开发区为重点，建设一批省级以上企业技术中心等创新平台。培育高水平创新主体，强化企业创新主体地位，加大技术研发投入，在海洋工程装备制造、海洋生物医药、海洋化工和海水淡化等领域加快培育一批创新型企业。引导创新资源向沿海地区聚集，促进产学研协同创新，支持优势企业与省内外特别是京津高等院校、科研机构开展技术研发、人才培养合作，鼓励燕山大学等院校发展海洋相关学科专业。

（5）开展全方位高水平对外开放

打造高水平对外开放平台，充分发挥中国（河北）自由贸易试验区曹妃甸片区对外开放作用，建立口岸与海关特殊监管区域一体化通关物流体系。加快曹妃甸中日韩循环经济示范基地、中国—中东欧（沧州）中小企业合作示范区等重点国别园区建设，搭建对外开放合作承接平台。

（6）持续改善海洋生态环境

全面推进渤海污染治理，实施重点入海河流污染物排放控制，加强自然保护区、海洋特别保护区、物种资源保护区、湿地公园等重要生态功能区、生态敏感区和生态脆弱区保护，严格落实海洋主体功能区规划和海洋生态保护红线制度，严格控制农渔业功能岸线近海近岸养殖规模，持续改善渤海生态环境。

第三节 天津市

1. 2018 年海洋经济发展成效

据初步核算，2018 年天津海洋生产总值达到 5 028 亿元，与上年相比名义上增长 8.2%，占全市地区生产总值比重为 26.7%；海洋产业结构不断优化，海洋第一产业、第二产业和第三产业增加值占海洋生产总值比重分别为 0.2%、47.5% 和 52.3%。主要海洋产业整体保持平稳运行。

（1）海洋新兴产业形势向好

海水利用业快速增长，2018 年全市海水直接利用量 131 030 万吨，同比增长 5.0%；海水淡化产量 4 098 万吨，同比增长 18.2%；海水淡化日产能力达 30.6 万吨。海洋可再生能源业发展势头良好，2018 年海上风电设备容量达 31.9 万千瓦。海洋工程装备产业发展势头良好，天津港保税区临港区域以全产业链服务为特色的海洋工程装备产业集群正在加速形成。

（2）涉海服务业保持快速增长

海洋交通运输业稳中有进。2018 年，全市港口货物吞吐量增长 1.4%，集装箱吞吐量增长 6.2%。天津港集团、厦门港务控股集团、天津港中谷物流发展有限公司共同签署“两港一航”战略合作框架协议，携手打造南北内贸集装箱海运精品航线，向着集运储、商贸、金融“一体化”融合发展的智慧物流体系迈进。海洋旅游业保持快速增长。2018 年，全市滨海旅游收入 3 914.4 亿元，同比增长 10.4%。接待入境游客 198.3 万人次，外汇收入 11.1 亿美元。“十一”黄金周期间，泰达航母景区共接待游客 15 万人次，同比增长 10%；收入同比增长 23.1%，再创历史新高。

专栏 1 千米级水深海底管道铺设产业链协同创新及工程应用示范

千米级水深海底管道铺设产业链协同创新及工程应用示范项目由海洋石油工程股份有限公司牵头，项目累计完成投资 12 372.75 万元，2018 年新增产值 33 000 万元，新增就业 661 人，获得专利 1 项，申请专利 2 项。该项目建成后可具备国内深水铺管船旗舰“海洋石油 201”1 600 米水深 18 寸海管及其附属结构物的安装能力，进而掌握深水海底管道铺设技术和关键设备研发能力，具备全海域千米级深水海底管道工程技术能力，填补国内空白，完善国内千米级深水油气田开发的科技研发能力和综合工程施工能力，满足国家大型深水油气田开发的战略要求。

专栏 2 多功能海上施工自升平台研发与产业链构建项目

多功能海上施工自升平台研发与产业链构建项目由天津港航工程有限公司主要承担，项目累计完成投资 31 723.86 万元，2018 年新增产值 55 493.3 万元，形成省级以上新产品 3 个，转化科技成果 3 项，配套设备材料国产化率 91%，获得专利 9 项，建设研发中心 2 个，新增就业 257 人。该项目可应用于海上风电及大型深水港码头等建设，突破了“3 400 吨液压插销升降系统”等海工平台核心技术，通过跨地区、跨行业技术融合，建立了集研发设计、核心部件制造、系统集成与市场应用于一体的完整产业。

2. 2018 年推动海洋经济发展主要举措

（1）积极开展海洋经济试点示范工作

修改完善《天津港保税区临港北部区域国家海洋经济发展示范区申报方案》，组织滨海新区财政局编制《天津港保税区海洋经济发展示范区财政承受能力论证报告》。稳步推进海洋经济创新发展示范项目，共计支持项目 71 个，总投资 40 多亿元，财政资金支持近 10 亿元，有力带动了天津市海洋工程装备和海水淡化与综合利用两个新兴产业的快速发展。

（2）推进“天津临港经济区高端装备制造产业基地”建设

加快建设天津临港造修船基地，在临港区域规划陆域面积约 350 万平方米，岸线长度 3 900 米，成为发展环渤海船舶工业基地群整体规划中的重要一环。临港造修船基地实现“四浮三出”七大节点，造船生产流程全面贯通，生产方式从船台造船生产工艺流程向船坞造船生产工艺流程转变，从单一产品生产向批量建造转变。太重（天津）滨海重型机械有限公司液压打桩锤样机完成海上打桩试验，满足海上风电施工要求。

（3）拓宽海洋经济多元化融资渠道

天津市首支海洋经济发展产业引导基金正式设立，首期规模 2 亿元，重点支持创新示范项目及战略性新兴产业项目。支持企业通过融资租赁加快装备改造升级，鼓励涉海企业积极参与项目申报。截至 2018 年年底，共支持海洋相关项目 5 项，融资租赁总额 2.5 亿元，获批财政支持资金 2 881 万元。

专栏 3 推进“海水淡化与综合利用示范基地”建设

自然资源部天津临港海水淡化与综合利用示范基地项目完成了配套海水取水泵站土地证、工程规划许可证等手续的办理工作，完成了基地项目绿化施工、配套海水取水泵站施工（包含取水管线施工）及泵站监理等招标工作。目前，中试实验区内所有单体建筑钢结构已安装完成并通过验收，外墙板全部安装完成，室内安装工程已完成 70%，屋面防水工程已完成 90%，室外管网工程已完成 90%，道路工程已完成 60%，绿化工程已完成 10%，水、电、气、暖等配套工程已完成 30%，204 号、211 号、212 号单体建筑开始进行实验设备安装。

（4）加强海洋生态保护与修复

划定并验收海洋生态保护红线。落实湿地自然保护区“1+4”规划，修订了《天津古海岸与湿地国家级自然保护区管理办法》，编制了《天津古海岸与湿地国家级自然保护区总体规划（2016—2025）》，积极推动七里海湿地生态保护修复。启动“蓝色海湾”整治修复，完成天津市《“蓝色海湾”整治修复规划》初步成果。组织编制《天津市海岸线保护与利用规划（2018—2035）》，进一步优化海岸线保护与利用空间布局，提升了海岸线景观生态功能。

3. 2019 年海洋经济工作重点

（1）培育壮大海洋战略性新兴产业

加快推进滨海新区“海洋经济创新发展示范城市”和海洋经济发展示

范区建设，促进海洋工程装备和海水淡化与综合利用等战略新兴产业发展。

（2）加快发展涉海金融等服务业

深化与中国工商银行、中国农业发展银行等金融机构的合作，积极争取融资租赁加快装备改造升级专项资金，加大对涉海企业的支持力度。

（3）开展海洋主体功能区评估研究工作

按照《天津市海洋主体功能区规划》相关内容，开展规划评估和规划修订，制定符合不同类型海洋主体功能定位要求的评价办法。

（4）编制《天津市海岸线保护与利用规划》

加快组织编制《天津市海岸线保护与利用规划》，进一步优化海岸线保护与利用空间布局，提升海岸线景观生态功能。

第四节　山东省

1. 2018 年海洋经济发展成效及举措

据初步核算，2018 年山东省海洋生产总值达到 15 502 亿元，与上年相比名义上增长 9.2%，占全省地区生产总值的 20.3%。海洋产业结构不断优化，海洋第一产业、第二产业、第三产业增加值占海洋生产总值比重分别为 4.7%、42.6% 和 52.8%。

（1）认真贯彻落实习近平总书记重要指示精神，海洋管理工作得到强化

山东省委、省政府认真传达学习贯彻落实习近平总书记的重要指示精神，把经略海洋作为事关全省经济社会发展全局的重大战略、作为推进新旧动能转换和全省经济高质量发展的重中之重，全力抓好推进落实。一是全面启动实施海洋强省建设。2018 年 5 月召开全省海洋强省建设工作会议，印发《山东海洋强省建设行动方案》，实施海洋强省建设“十大行动”，海洋发展转入全面实施推进阶段。山东省政府建立了现代海洋产业发展“6 个 1”工作推进体系，组建专班抓落实。二是进一步加强对海洋工作的领导。为加强对海洋领域重大工作的统筹谋划、综合协调、整体推进和督促落实，在省级机构改革中组建了省委海洋发展委员会、省委海洋发展委员会办公室和省海洋局。

（2）加大海洋优势产业培植力度，海洋经济综合实力不断提升

一是谋划推进现代化海洋牧场建设试点。2018 年 12 月 14 日，国家发展改革委、农业农村部函复山东省政府同意《山东省现代海洋牧场建设综合试点方案》，山东省成为我国首个海洋牧场建设综合试点省份。截至 2018 年年底，全省国家级海洋牧场达到 32 个，占全国的 1/3。二是加快海洋工程装备制造业发展。“山东省船舶与海洋工程装备创新中心”是山东省已认定的 3 家省级制造业创新中心之一。2018 年 5 月，我国首座自主研发的全潜式大型智能网箱“深蓝 1 号”下水交付使用，山东省大型海工装备建造实现快速发展。烟台市船舶及海工装备制造业规模以上企业达到 27 家，成为全球四大深水半潜式平台建造基地之一、全国五大海洋工程装备建造基地之一。三是推动海洋生物医药实现集群发展。由中国海洋大学、中国科学院上海药物研究所和上海绿谷制药有限公司联合研发的国产抗阿尔茨海默病新药

“甘露寡糖二酸”完成三期临床试验。青岛、烟台、威海三市共投入财政资金4.3亿元，实施海洋生物医药示范项目81项，新培育东海药业、银色世纪等龙头骨干企业和近百家中小企业，青岛农大海润检测、海利尔药业已成功上市。四是积极探索海洋能源发展新路径。推动中国科学院海洋研究所、三峡集团和蓝色海洋国家级海洋牧场在莱州湾开展海上风电与海洋牧场融合发展试验，探索清洁能源与牧场绿色生态系统融合发展的新途径。五是加快发展滨海特色旅游。着力打造“仙境海岸”旅游品牌，建设泛青岛、烟台海洋精品旅游发展示范区及青岛、烟台、威海精品海洋旅游发展高地。日照市建设山海天旅游小镇群、滨海旅游度假酒店群、岚山海洋牧场群等总投资50亿元的滨海旅游项目。积极发展邮轮、游艇等高端旅游业态，依托青岛市邮轮港、烟台市邮轮停靠港，开通了赴日本、韩国、越南的旅游航线。

（3）加强海洋环境保护，海洋生态文明建设稳步推进

一是研究提出了全面实行“湾长制”方案。制定了《山东省全面实行湾长制工作方案》，并经山东省委办公厅、省政府办公厅印发实施。二是加强海洋生态保护修复。山东省人大常委会修改了《山东省海洋环境保护条例》，加大了对海洋环保违法行为的查处力度。全力做好上海合作组织青岛峰会保障和浒苔防控工作，实现了“不使一片浒苔侵入峰会海域”的保障目标。开展全省海洋生态保护红线划定方案优化工作，修改完善后与陆地红线形成了全省生态保护红线“海陆一张图”。积极探索海域海岛绿色可持续发展的新途径、新模式，“长岛海洋生态文明综合试验区”获批设立。

（4）加强协调与落实，涉海项目持续推进

一是港口资源整合迈出实质性步伐。对东营、滨州、潍坊港实施整合，挂牌成立渤海湾港口集团。2018年，全省沿海港口货物吞吐量达到16.1亿吨，比上年增长6.5%。青岛、日照、烟台港跻身全国十大沿海港口之列。全省沿海港口生产性泊位已达597个，其中万吨级以上307个。与世界130多个国家和地区的450多个港口实现通航，承担了全省90%以上的外贸进出口量。二是推进重点涉海项目实施。落实海洋产业“四新四化”要求，重点实施了360个、总投资8 000多亿元的重点项目，2018年开工、在建项目129个。加快“双招双引”工作，儒商大会现代海洋产业平行论坛签约项目12个，总投资203亿元。山东鲁信实业集团有限公司发起的总金额50亿元的现代海洋产业基金正式获批。中国华录集团有限公司在青岛投资44亿元，建设国家海洋大数据产业孵化基地。三是涉海金融业稳步发展。推出海域使用权抵押、渔船抵押贷款等创新产品。2018年，全省银行机构为海洋产业提供贷款余额近800亿元，涉海资产抵押贷款余额200亿元左右。四是为重大项目用海提供保障。合理解决济青、青盐两条铁路跨海桥梁等重大项目用海，2018年年底，济青高铁、青盐铁路全线开通运营。

（5）坚持创新驱动，海洋经济向高质量发展迈进

一是深度对接海洋强国战略，积极开展国家层面海洋创新示范。2018年11月26日，威海、日照两市获批成为海洋经济发展示范区。2018年，在海洋领域设立了海洋环境安全保障、深海关键技术与装备和蓝色粮仓科技创新3个国家重点研发计划专项，项目总经费共计12.93亿元。积极参与国家战略层面的重大科研创新活动，全省共承担项目经费4.43亿元，占总经费的31.3%。二是布局海洋领域重大科技创新工程和平台建设，实现海洋领

域重点关键技术突破。积极推进青岛海洋科学与技术试点国家实验室正式入列，省、市两级投入10亿元专项资金支持实验室建设发展。省级投入2亿元专项资金支持海洋大科学研究中心建设。积极推动“蓝色药库”开发计划列入国家重点科技计划专项。在全国沿海省份率先成立省级海洋标准化委员会，为推动全省海洋高质量发展提供了重要标准支持。全球单宗价值最高的海产品——南美白对虾核心育种技术取得关键性突破，改变了该种业长期受制于美国等少数发达国家的被动局面。加快海洋观测网建设，山东基于海洋牧场的海洋资源环境观测网已连续运行37个月，并成功预警了两次海洋低氧及浒苔灾害。三是加强海洋人才引进和培养。对接海洋强省建设升级人才工程，遴选产生海洋领域泰山学者人选12人、泰山产业领军人才人选13人。深化提升“齐鲁之约”引才活动，赴美国、澳大利亚等8个国家开展引才活动，签约引进一大批海洋人才。

（6）扩大对外开放，海洋领域对外合作不断深化

围绕“经略海洋、共建共享”主题，成功举办2018东亚海洋合作平台青岛论坛。在青岛海洋科学与技术试点国家试验室举办海洋战略性新兴产业发展国际研讨会。成立了东亚港口联盟，开通了6条中韩陆海联运通道。加快威海中韩地方经济合作示范区建设，中韩（烟台）产业园获国务院批复，青岛中德生态园、潍坊滨海产业园等中外合作园区成效明显，一批海洋经济特色园区不断壮大，成为海洋经济开放合作发展的重要载体。荣成沙窝岛国家级远洋渔业基地已完成投资10亿元，主体建设完成60%。乌拉圭、斐济、加纳等海外远洋渔业基地建设稳步推进。

专栏1 健全金融服务体系

威海市推动涉海龙头企业发起成立国内第一家服务海洋经济的专业化、特色化银行——蓝海银行，充分满足涉海企业融资需求。目前，各项贷款余额达到27亿元，并与金融机构合作，成立6处科技支行。威海市海洋发展局与民生银行共同设立海洋支行，联合开发服务海洋经济发展的金融产品，成立全省唯一的大宗海洋现货交易平台——威海海洋商品交易中心，形成线上现货竞买、订单交易、产能预售等业务板块和船用油、海参、海带、鱼粉、鱿鱼等产品交易。

2. 2019年海洋经济工作重点

（1）加快完善现代海洋产业体系

加快组织实施现代化海洋牧场建设综合试点，打造国际标准的海洋牧场集群。推动海洋牧场与海上风电融合发展试验，探索立体集约利用海洋资源的新路径。大力发展海洋高端装备制造、海洋药物与生物制品、海水淡化、海洋新能源和新材料等海洋新兴产业，加快海洋经济创新发展示范城市、海洋经济发展示范区建设。完善现代海洋产业标准体系，支持青岛、烟台、威海、东营等市建设海洋装备国家技术标准创新基地；支持威海建设海洋标准质量战略发展研究平台。完善海洋经济统计核算体系，建立市级海洋生产总值核算体系，推动海洋经济运行评估规范化，为科学决策提供依据。

（2）推进重大基础设施和重大项目实施

加快推进港口资源整合，构建优势互补、特色明显、主体竞争力强的山东港口集群，推进世界一流港口建设。协调推进历史性违规用海处置后合理利用，组织专班保障裕龙岛高端化工基地、东营海上单点系泊石化管道运输、石岛核电、日照港 15 号码头等重大项目用海。

（3）提升海洋生态文明建设水平

全面推行“湾长制”，建立省、市、县三级湾长制度体系，构建海洋生态环境保护长效管理机制。推广长岛生态文明综合试验区建设的经验模式，提升全省海洋生态文明建设水平。打好海洋综合治理攻坚战，出台实施《山东省打好渤海区域环境综合治理攻坚战作战方案（2018—2020 年）》，建立近岸海域污染防治协同工作机制，加大入海排污口监视，实施海水质量状况考核。深入抓好中央环保督察和国家海洋督察反馈问题的整改，对全省非法围填海整治现状进行严格排查，从严管控围填海行为，对违法围填海现象“零容忍”。

（4）加强重大科技创新平台建设

推动青岛海洋国家试点实验室尽早入列和中国科学院海洋大科学研究中心建设，争取大洋钻探船在山东注册并承担重要职能，组织建设一批现代海洋产业技术创新中心。建设好山东省海底观测网。搭建“海洋科企对接大平台”，实施“十强”产业人才专项行动，设立蓝色产业专项，面向海洋发达国家、重点高等院校和研发机构，引进涉海方面高层次人才团队，努力打造全国乃至全球海洋人才高地。

（5）积极推动海洋国际交流与合作

加快东亚海洋合作平台建设，争取成立东亚海洋合作平台理事会，打造东亚海洋经济合作示范区。举办好中国潍坊海洋动力装备国际博览会。积极推进山东省与日本和歌山县水产试验场的合作。举办东北亚地区地方政府联合会海洋与渔业专门委员会“海洋高新技术产业发展论坛”。抓好海洋领域新旧动能转换和“双招双引”工作，落实《山东省深化与世界500强合作行动方案（2018—2020）》，积极推动外商投资高端造船、海工装备、研发中心等产业领域。

（6）加强对海洋事务的统筹协调

强力推进海洋领域制度创新，研究制定促进海洋经济高质量发展的若干政策意见。编制《山东省海岸带综合开发与利用总体规划》，实现多规合一、集约利用，为高质量发展优化空间布局。做好《山东半岛蓝色经济区发展规划》修编工作，促进海洋经济高质量发展。对《山东海洋强省建设行动方案》实施情况进行考核评估，并形成常态化考核评估机制。加强各成员单位的沟通、配合，协调解决海洋发展中跨海域、跨区域、跨部门遇到的矛盾和问题，形成齐抓共管的强劲合力。

第五节　江苏省

1. 2018年海洋经济发展成效

据初步核算，2018年江苏省海洋生产总值达7 555亿元，与上年相比名义上增长9.0%，海洋生产总值占全省地区生产总值的比重由2009年的7.9%提高到2018年的8.2%。海洋三次产业结构持续优化，2018年占比调整为 6.0 : 46.0 : 48.0，海洋第三产业比重不断增长，为全省经济高质量发展提供了有力支持。

（1）海洋支柱产业加速转型升级，实现平稳较快发展

海洋交通运输业平稳增长，2018 年全省沿海沿江港口完成货物吞吐量 21.1 亿吨，同比增长 3.5%；集装箱吞吐量 1 765.8 万标准箱，同比增长 3.9%。海洋船舶工业呈现恢复性增长态势，全年全省造船完工量 1 499 万载重吨，同比增长 6.1%，占全国份额的 43.3%；新承接订单 1 799 万载重吨，同比增长 29.1%，占全国份额的 49.1%；手持订单 4 202 万载重吨，同比增长 14.7%，占全国份额的 47%。海洋船舶制造持续向多领域纵深推进。2018 年 1 月，国产首制具有完全自主知识产权的 20 000 标准箱级集装箱船在南通命名交付；4 月，全球最大矿砂船“香港号”在江苏太仓命名交付，单位海里油耗较第一代大型矿砂船降低了 30%。海洋旅游业增速有所放缓，2018 年，沿海三市接待入境过夜旅游者 29.43 万人次，同比增长 6.4%；接待国内游客 1.19 亿人次，同比增长 12.7%。海洋渔业转变发展方式，逐步实现优化发展。2018 年，全省海水养殖产量达到 91.8 万吨，与上年基本持平；海洋捕捞产量 47.5 万吨，同比下降 8.3%。

（2）海洋新兴产业实现较快发展

海洋工程装备制造业实现跨越式发展，产量约占全国的 1/3、世界的 1/10，一批在行业内外具有影响力的“大国重器”相继诞生。2018 年 6 月，亚洲最大、最先进的绞吸挖泥船——“天鲲号”自航绞吸挖泥船成功完成首次海试；8 月，国内第一艘海上风电管桩特型运输船——“神山 1”号海桩近海运输船在江苏响水灌河下水；11 月，4 500 吨的大型抢险打捞起重船“创

力”号顺利完成试航。海洋可再生能源利用业发展迅速，海上风电装机容量和发电量大幅度提升。2018 年，全省海上风电装机容量达到 302.5 万千瓦，同比增长 86.2%；海上风电发电量达到 61.9 亿千瓦时，同比增长 89.9%。

2. 2018 年推动海洋经济发展主要举措

（1）推进出台《江苏省海洋经济促进条例》

2018 年 11 月 20 日，江苏省十三届人大常委会第六次会议一审通过了《江苏省海洋经济促进条例（草案）》。该条例是全国首部促进海洋经济发展的地方性法规，其出台将为促进江苏海洋经济高质量发展提供有力保障，也将为沿海省份相关地方性法规的制定提供有益借鉴。

（2）推进海洋经济发展试点示范工作

南通市围绕区位优势和产业优势，扎实推进海洋经济创新发展示范城市项目建设。截至 2018 年年底，示范项目牵头单位及协作单位共实现销售收入 51.96 亿元，利税 10.62 亿元。示范项目实现成果转化 59 项，申请专利 343 项，新建企业研发中心 6 个，其中国家级企业研发中心 1 个，带动新增龙头企业 3 家，新增就业 6 827 人。南通市成立由政府主导的南通陆海统筹发展基金。国家开发银行江苏省分行、中国农业发展银行江苏省分行等金融机构为南通创新示范项目提供投融资服务。截至 2018 年年底，两家银行在海洋领域重点示范项目信贷投放超过 200 亿元。2018 年 11 月，连云港市和盐城市获批成为海洋经济发展示范区。

专栏 1 《江苏省海洋主体功能区规划》

为有效规范海洋空间开发时序，形成协调有序的主体功能区布局，编制形成了《江苏省海洋主体功能区规划》，并于 2018 年 6 月正式印发。该规划以沿海 15 个县级行政区管理海域为基本单元，划分优化开发区域、重点开发区域和限制开发区域，分别占全省海域面积的 53.65%、9.36% 和 30.70%。此外，禁止开发区域包括 3 个自然保护区和 3 个领海基点所在岛屿，占全省海域面积的 6.29%。《江苏省海洋主体功能区规划》的编制印发对于统筹海洋空间开发活动，优化海洋产业结构和空间布局，构建陆海统筹、人海和谐的海洋空间开发格局具有重要意义。

（3）强化海洋经济监测评估工作

开展《江苏省“十三五”海洋经济发展规划》中期评估，完成了规划中期评估报告。根据海洋统计制度等有关要求，完成省内重要涉海企业直报数据收集整理工作，汇总分析 2017 年度海洋统计数据和 2018 年各季度主要海洋产业增加值等数据，核算沿海三市海洋生产总值。借助海洋经济调查形成的成果，更新完善了江苏省重点涉海、用海企业名录。发布《2017 年江苏省海洋经济统计公报》，产生了较好的社会影响。编制《2017 年江苏省海洋经济发展报告》，首次增加了沿江海洋经济带发展分析板块，通过深入分析江苏省海洋经济发展现状和存在的问题，提出海洋经济发展的政策建议。编制并发布了《2018 江苏省海洋经济发展指数报告》，综合反映了江苏省海洋经济的发展水平、发展成效和发展潜力。此外，从定性和定量角度出发，编制《江苏省海工装备产业景气指数评价技术方案》，初步形成了一套海工装备产业景气评价指标体系。

（4）引导金融机构支持海洋经济发展

2014 年以来，江苏省自然资源厅先后与中国农业银行江苏省分行、中国邮政储蓄银行江苏省分行、国家开发银行江苏省分行签署合作备忘录，三大银行在海洋与渔业领域累计投放超千亿元。其中，2018 年，中国农业银行江苏省分行在海洋及渔业领域共投放 87 亿元，中国邮政储蓄银行江苏省分行在海洋及渔业领域共发放贷款 32 亿元，国家开发银行江苏省分行在海洋领域共投放 20.84 亿元。

（5）加强海洋生态文明建设

深入开展海岛及岸线整治修复。2018 年，江苏省共完工海岸线整治修复项目 9 个，修复岸线长度 38.25 千米；8 月，兴隆沙海岛整治修复项目通过验收。“湾长制”试点深入推进，连云港市建立海州湾湾长名录，构建市、县、乡、村四级湾长体系。组织对黄海浒苔绿潮的打捞处置工作，打捞船累计出航 3 500 余艘次，为上海合作组织青岛峰会提供了环境保障。

3. 2019 年海洋经济工作重点

（1）加快制度建设，完善海洋经济法律体系

推进《江苏省海洋经济促进条例》立法工作。积极配合省人大法制工作委员会做好条例审查修改工作，按期提交省人大常委会第二次审议。做好《江苏省海洋经济促进条例》出台后的普法宣传和贯彻落实工作。

（2）推进规划编制，统筹海岸带综合保护利用

根据国家统一部署，制定江苏省省级海岸带综合保护利用规划编制方案，

做好海岸带调查研究等前期准备工作，有序推进规划编制工作，为强化海岸带空间管理、促进海岸带地区经济社会可持续发展提供有效保障。

（3）加强示范引领，做好海洋经济示范区建设

根据国家统一部署，坚持陆海统筹，聚焦主要任务，完善盐城、连云港海洋经济发展示范区建设方案，加强示范区规划指导和动态管理，及时总结示范区可复制、可推广的经验做法，做好示范区建设考核工作。继续推进南通市海洋经济创新示范城市建设，加强沿海、沿江跨领域、跨区域协同创新，推动海洋产业结构优化布局和集聚创新发展，将南通打造成为全省海洋经济高质量发展的示范区。

（4）开展统计分析，强化海洋经济运行监测评估

完成第一次全国海洋经济调查。按照第一次全国海洋经济调查领导小组办公室的总体部署和要求，深入开展调查成果集成和应用，接受第一次全国海洋经济调查领导小组办公室组织的验收，做好总结表彰工作。升级完善省级海洋经济运行监测评估系统，推进涉海企业数据直报，加强海洋数据统计分析能力建设，发布《2018 年江苏省海洋经济统计公报》《江苏省海洋经济发展报告（2018）》《2019 江苏省海洋经济发展指数报告》等。

（5）深化金融合作，促进金融服务海洋经济发展

落实国家八部委《关于改进和加强海洋经济发展金融服务的指导意见》，深化与国家开发银行江苏省分行、中国农业发展银行江苏省分行、中国农业银行江苏省分行、中国邮政储蓄银行江苏省分行等金融机构合作，建立工作协调机制。挖掘优质涉海项目，构建“金融支持海洋经济重点项目库”，支

持金融机构为涉海企业提供多元化金融服务。

（6）完成《江苏省海洋经济高质量发展比较研究》

构建符合新发展理念和海洋强国战略要求的海洋经济高质量发展分析框架，总结其他沿海省份推进海洋经济发展的有效经验，寻找并确定江苏省海洋经济发展的优势与不足、未来 5 ~ 10 年可能面临的机遇和挑战，提出江苏省海洋经济高质量发展的政策建议。

第六节　上海市

1. 2018 年海洋经济发展成效

2018 年，上海市海洋经济总体呈现平稳发展态势。据初步核算，全市海洋生产总值达到 9 183 亿元，与上年相比名义上增长 8.1%，占全市地区生产总值的 28.1%。海洋产业布局进一步优化，“两核三带多点”的海洋产业布局逐步形成。海洋产业结构基本保持稳定，海洋第一产业、第二产业、第三产业增加值占地区海洋生产总值比重分别为 0.03%、32.7% 和 67.3%。

（1）海洋渔业基本实现提质、增效、增收的目标

全年海洋捕捞产量 16.6 万吨，其中远洋捕捞 15.2 万吨，占比达 92%。加快建设横沙渔港以帝王蟹等为主的交易中心和国际活体水生动物交易平台，不断拓展与俄罗斯等渔业资源丰富国家和地区的业务，渔运船到港数量

和吞吐量再创新高。积极探索渔业资源养护和深远海养殖技术，由中国水产科学研究院东海水产研究所等单位共同完成的“长江口重要渔业资源养护技术创新与应用”项目获得2018年度国家科学技术进步奖二等奖，2018年国内首个深远海智慧渔业工厂项目在临港签约。

（2）海洋战略性新兴产业不断发展壮大

可再生能源利用方面，积极推进风电平台国产化进程，支持高等院校自主研发，在技术创新方面发挥示范带头作用。“尚和1”号1 200吨自航自升式海上风电多功能安装平台开工建设；成功交付“龙源振华叁号”风电施工平台，标志着我国打破国外技术垄断，实现大型风电安装平台国产化；临港海上风电一期示范项目正式开工，项目建成后，将进一步提升上海新能源利用比例；由上海勘测设计研究院有限公司等单位共同完成的“我国首座大型海上风电场关键技术及示范应用”项目获得2018年度国家科学技术进步奖二等奖。海洋生物医药方面，由中国海洋大学、中国科学院上海药物研究所和上海绿谷制药有限公司联合研发的治疗阿尔茨海默病的新药“甘露寡糖二酸”（GV-971）顺利完成三期临床试验。

（3）船舶与海工装备技术有所突破

2018年，受国际总体形势影响，上海市造船三大指标均呈明显下降趋势，造船完工量、新承接船舶订单量、手持船舶订单量分别为769万载重吨、586万载重吨和2 161万载重吨。但高技术船舶制造比例有所上升，持续交付超大型集装箱船、液化天然气船等高技术船舶，上海外高桥造船有限公司收获2艘大型邮轮的新造船合同，合同总价15.4亿美元。海工装备科技研发不断突破，上海海洋工程装备制造业创新中心在临港正式成立，由上海交通大学等单位共同完成的“4 000 米级深海工程装备水动力学试验能力建设及应用”项目获得 2018 年度国家科学技术进步奖二等奖。

（4）海洋交通运输业整体表现平稳

2018 年，上海港全年货物吞吐量 7.3 亿吨，同比下降 2.7%；集装箱吞吐量 4 201 万标准箱，同比增长 4.6%，继续保持世界第一。港口基础设施建设进一步完善，全球规模最大、设备最先进的上海洋山四期全自动集装箱码头经过一年的试运营，正式通过竣工验收，2018 年吞吐量超 200 万标准箱。中国远洋海运集团有限公司积极拓展业务领域，宣布将与日本商船三井公司联手开辟北极液化天然气运输航线，进一步提升了上海船舶企业的竞争力。

（5）滨海旅游业实现较快发展

2018 年，上海市全年旅游收入超过 4 900 亿元，同比增长 9.3%，全年接待入境游客 892 万人次，其中过夜入境旅游者 740 万人次。金山城市沙滩、奉贤碧海金沙、崇明生态旅游等已经成为市民滨海休闲娱乐的热门景点。邮轮旅游发展有所趋缓，上海港接待国际邮轮靠泊 406 艘次，其中，以上海为始发港的邮轮 378 艘次；邮轮旅客吞吐量 275.3 万人次，比上年下降 7.4%。同时，上海市不断强化制度创新，全面推行凭票进港、凭票登船，成为全国首家全面试点邮轮船票制度的港口，邮轮办理入境手续简化将近一半，实现了“走一条通道、过一套设备、做一次检查”的通关体验，人均耗时仅 6 秒 。

2. 2018 年推动海洋经济发展主要举措

（1）服务海洋经济高质量发展

推进海洋经济创新发展。浦东新区加快推进浦东海洋经济创新发展示范城市创建，完成 14 个重点扶持项目立项审批，内容涵盖深远海高端装备、海洋动物疫苗和药物研发制造等领域的技术研发、重点海洋产业协同创新平台建设，下拨 5 636.3 万元至申报单位。崇明区（长兴岛）获批“海洋经济发展示范区”，主要开展海工装备产业发展模式创新，探索海洋经济投融资体制改革。上海浦东、宁波、南通、舟山四地的 5 个海洋产业园区签署了《长三角区域海洋产业园区（基地）战略合作协议》，推进海洋产业集聚和协同发展。

（2）探索金融支持海洋经济发展

积极落实中国人民银行、自然资源部等八部委《关于改进和加强海洋经济发展金融服务的指导意见》，与中国人民银行上海总部、中国农业发展银行上海分行、中小微企业政策性融资担保基金等进行对接。同时，继续推进开发性金融支持海洋经济发展工作，进一步聚焦海洋高新技术发展领域和中小微海洋科创型企业，初步建立了金融支持海洋产业项目库，明确了金融扶持的方向目标。创新航运保险产品服务“一带一路”倡议和上海自由贸易试验区建设，探索建立航运保险全球检验人服务网络。

（3）开展上海建设全球海洋中心城市研究

根据《全国海洋经济发展“十三五”规划》的要求，上海启动建设全球海洋中心城市研究，初步形成了上海建设全球海洋中心城市的目标内涵、功能定位、评估指标体系等研究成果，提出了全球海洋战略性新兴产业高地、全球重要的海洋科技创新策源地、海洋国际事务合作重要枢纽、国际海洋文化交流和教育培训中心、海洋管理创新综合实验区五大功能的构想，举办了以“全球海洋中心城市——上海的机遇与挑战”为主题的2018上海海洋论坛，加强思路研讨，进一步凝聚共识。

（4）完善海洋经济运行监测与分析评估

完成了上海市第一次全国海洋经济调查主体任务，2018年年底通过省级自验收，完善了海洋经济基础数据信息。健全海洋经济统计工作机制，做好《海洋统计报表制度》《海洋生产总值核算制度》和直报涉海企业的数据采集报送，及时掌握海洋产业发展趋势和重点涉海企业经营状况。深入挖掘海洋经济数据，编制完成年度海洋经济运行监测分析报告。

（5）持续开展海洋生态环境保护与治理

2018年，完成三个航次的近岸海洋生态环境大面监测与调查。推进国家海洋督察环保类问题的整改工作。加强近岸海域综合治理，上海市环保局、上海市海洋局等部门联合印发《上海市长江口及杭州湾近岸海域污染防治方案》。加强陆源污染源监管，完成非法和设置不合理排污口的清理以及陆源污染源的排查。强化海洋生态保护，划定并严守海洋生态保护红线，持续开展海洋生态整治与修复。

3. 2019年海洋经济工作重点

（1）深化全球海洋中心城市研究

进一步明确目标定位、重点任务、工作举措和保障措施等，理清全球海洋中心城市建设思路；加强相关部门间的沟通协调，形成共识，争取将相关政策措施纳入全市总体发展战略。

（2）推进《长三角区域海洋产业园区（基地）战略合作协议》落地

加强与宁波、南通、舟山三地沟通交流，探索建立长三角区域海洋经济创新发展示范城市、海洋经济发展示范区和涉海产业园区的协同发展机制，在产业链研发创新、人才交流培训、公共服务平台共建共享等方面有所突破。

（3）继续推进海洋经济发展试点示范工作

按照国家发展改革委、自然资源部、财政部等国家部委批复要求，加强对浦东新区“全国海洋经济创新发展示范城市”和崇明区“全国海洋经济发展示范区”建设的监督、考核评估和绩效监控，将浦东临港和崇明长兴岛打造为全市海洋经济高质量、高效益发展的高地。

（4）健全金融服务海洋经济发展模式

在海洋经济开发性金融服务平台的基础上，引入中国农业发展银行等金融机构，建立相关各方参与的海洋金融服务平台，畅通融资渠道，完善海洋产业融资需求项目库，做好海洋金融产品宣介，推进项目落地，尽快实现平台业务化运行，切实为中小型涉海企业提供金融服务。发挥上海航运保险协会作用，承办国际海上保险联盟 2019 亚洲年会。完善航运保险全球检验人服务网络，扩大试点企业范围。

（5）提升海洋经济运行监测评估能力

完善海洋经济统计工作机制，加强市、区两级统计、涉海等部门数据共享，加快推进涉海企业直报和市、区两级海洋生产总值核算工作；加强海洋经济运行监测趋势分析研判，定期编制分析报告。

第七节　浙江省

1. 2018 年海洋经济发展主要成就及举措

据初步核算，2018 年浙江省海洋生产总值达到 7 524 亿元，与上年相比名义上增长 6.9%。海洋三次产业结构占比由 2017 年的 7.4 : 31.3 : 61.4 调整为 7.0 : 29.7 : 63.3，海洋产业结构进一步优化。海洋生产总值占浙江省地区生产总值比重达到 13.4%。

（1）海洋经济发展框架体系不断优化

组织完成《浙江省海洋强省行动中长期目标任务及推进策略》课题研究，形成 40 多项海洋强省指标体系及 11 项任务举措研究成果，并在此基础上印发实施《浙江省“5211”海洋强省建设行动实施纲要》，明确到 2022 年，高质量建设海洋强省；到 2035 年，全面建成海洋强省。

（2）海洋经济重大项目加速推进

根据现代海洋产业发展规划部署，重点推进实施“55340”现代海洋产业发展行动。全面启动宁波、温州海洋经济发展示范区建设，重点打造全省 40 个左右的海洋特色产业功能区块。坚持每年滚动实施 300 个左右的海洋经济发展重大建设项目。2018 年，共安排海洋经济重大项目 348 个，总投资 10 071 亿元。其中，2018 年计划完成投资 1 326 亿元，全年实际完成投资 1 351 亿元，超额完成年度投资计划。安排新建项目 107 个，全年实际开工 102 个，开工率 95.3%。

（3）港口经济带动海洋产业提质增效

加速全省海洋港口资源一体化整合，成立浙江海港集团。2018 年，全省沿海港口完成货物吞吐量 13.3 亿吨，集装箱 2 900 万标准箱，分别增长 6.2% 和 7.9%。其中，宁波－舟山港货物吞吐量 10.8 亿吨，增长 7.3%，连续十年居全球第一；集装箱 2 635 万标准箱，增长 7%，居全球第三。港口经济的蓬勃发展同步推动临港产业集聚提升，以汽车制造、绿色石化为代表的一批临港制造业加速布局。其中，仅舟山绿色石化一个项目，一期投产后产值将达到 1 000 亿元左右。同时，港口发展推动内联外拓，进而带动省内内河港口布局，推动国内长江经济带港口合作，加快国外“一带一路”沿线港口合作布局。

（4）浙江大湾区建设实现良好开局

成立由省长任组长的浙江省大湾区规划建设领导小组，组建大湾区建设院士专家顾问团，召开知名企业家圆桌会，设立大湾区研究中心和大湾区数字中心。印发实施大湾区行动计划，完成省级空间规划编制，大湾区产业、交通等专项规划形成阶段性成果。坚持边谋划边建设，印发大湾区建设 2018 年重点工作任务清单，推动大湾区重大建设项目 125 个，2018 年完成投资额 3 168 亿元。

（5）舟山群岛新区建设取得新突破

2018 年，舟山群岛新区地区生产总值增长 6.7%，一般公共预算收入增长 16.1%，固定资产投资增长 7.5%。加快浙江自贸试验区建设，在商事登记领域实现“最多跑一次”全覆盖，相关体制政策先行先试取得阶段性成效。舟山绿色石化基地、波音 737 飞机完工和交付中心项目加快推进。成功举办第二届世界油商大会、航空产业招商大会、2018 国际海岛旅游博览会，启动建设国家绿色渔业实验基地。船用燃料油供应达 359.3 万吨，结算量占全国 50%，成为国内第一大加油港，跻身全球前十位。大宗商品贸易交易加快发展，油品贸易额达 2 213.9 亿元。跨境人民币结算额达 727.9 亿元，增长 18 倍。

（6）江海联运服务建设稳步推进

加快江海联运服务中心建设，启动新型江海直达系列船型研制及江海直达综合性船队打造工作，开辟宁波－舟山港至张家港航线。江海联运大数据中心五大商业平台上线运行。与长江航务管理局在武汉签署江海联运服务中心建设战略协议。中国海事仲裁委员会浙江自贸试验区仲裁中心等 13 家机构及企业注册落户舟山新城现代航运服务集聚区。2018 年，舟山江海联运货物吞吐量 2.9 亿吨，同比增长 11.59%；完成海铁联运集装箱吞吐量 60 万标准箱，同比增长 50%；国际水水中转 710 万标准箱，同比增长 7.1%。北仑港区多用途码头改造工程、梅山港区滚装及杂货码头、实华二期 45 万吨级原油码头、外钓岛 30 万吨级油品公用码头等一批重大项目加快推进。中国（浙江）大宗商品交易中心 2018 年实现电子交易额超 2 500 亿元、现货贸易额 1 045 亿元；浙江海港大宗商品交易中心共入驻 43 家会员单位，累计挂牌量 100.6 万吨。

（7）海洋经济发展环境持续优化

集中印发《浙江省海岸线整治修复三年行动方案》《浙江省海岸线整治修复评价导则（试行）》《大陆自然岸线保有长度和海岸线整治修复目标责任考核工作方案》等一批制度文件，明确海洋环境保护属地政府主体责任，量化细化考核标准。完成围填海存量资源调查工作，形成省、市、县三级调查统计成果，基本摸清存量围填海数量、面积、分布等情况，为下一步制订历史围填海清单及处理方案提供决策依据，同步研究拟定分类处置政策建议。启动大陆海岸线动态监视监测工作，深入推进“湾（滩）长制”国家试点工作，印发《关于全面深化推进湾（滩）长制工作的指导意见》。推进海洋资源要素市场化配置改革，研究制定《浙江省海域使用申请审批管理办法》《浙江省无居民海岛开发利用申请审批管理办法》。编制实施《浙江省海洋灾害应急防御三年行动方案》，开展海洋灾害隐患整治、海洋灾害重点防御区划定和管理、海洋综合减灾县和综合减灾社区建设三大行动总体设计。

（8）海洋经济运行监测与评估不断深化

深入开展海洋经济运行监测与评估工作，开展直报成果分析应用，启动直报企业现场入户服务；开展海洋生产总值季度核算，建立“海洋 + 统计”的部门合作机制；开展指标体系研究，初步建立“海洋经济高质量发展”“海洋强省”指标，形成《浙江省海洋经济高质量发展水平综合评价》报告；全力冲刺第一次海洋经济调查工作收尾，组织完成省本级 4 个非沿海市数据会审及自验收，完成本省对 7 个沿海市的验收，并开展调查成果集成，明确成果应用需求。

专栏1　创新中央资金补助方式

舟山是国家批复的“十三五”时期海洋经济发展创新示范城市之一。在利用中央专项资金方面，舟山市将专项资金的15%，即4 500万元作为产业基金（第一批下达资金3 000万元），通过国有公司——浙江舟山群岛新区财金投资基金有限公司开展基金尽调后，通过决策会议选定舟山国家远洋渔业基地建设发展集团有限公司作为基金承接主体，以股权形式注入大洋兴和食品有限公司（2 000万元）、浙江海力生生物科技股份有限公司（2 000万元）、普陀远洋渔业有限公司（500万元）3家示范企业。此举进一步引导金融资本和社会资本支持经济效益良好的海洋经济示范项目，力促海洋经济产业链协同创新、产业孵化集聚。

2. 2019年海洋经济工作重点

（1）加快构建全省海洋经济“一核两带二海”空间格局

全面实施《浙江省“5211”海洋强省行动纲要》，进一步细化海洋强省建设的指标体系和任务举措，加快推进浙江海洋强省建设。一是做强“一核”，即做强由宁波－舟山港和宁波、舟山两大港口城市构成的海洋强省建设核心区，不断提高其对海洋强省、国际强港建设的引领力。二是构筑“两带”，即依托沿海城市和重大涉海涉港战略平台、重大开放合作平台，构筑环杭州湾、温台两大现代海洋产业发展带以及海洋科教创新和海洋生态文明建设带。三是联动“三海”，即联动海港、海湾、海岛，推进全省海洋港口一体化、集群化发展和世界级港口集群打造，推进以杭州湾为引领、全省重要港湾联动组成的大湾区建设，推进大洋山、小洋山、大鱼山、小鱼山、鼠浪湖、衢山、金塘、六横、梅山、头门、大陈、大门、小门和灵昆等一批重要海岛的开发与保护。通过海洋经济空间格局构建，为打造海洋强省建设和“大湾区”“大通道”等重大战略平台提供重要支撑。

（2）加快推进浙江省大湾区建设

2019年，是全面推进实施大湾区各项目标任务的“建设年”，重点围绕长三角区域一体化这一国家战略，突出高能级平台打造和十大标志性工程建设两大主抓手，强化指标体系、工作体系、政策体系和评价体系，推动大湾区建设在重点领域率先取得重要突破。2019年，大湾区经济总量力争达到5.3万亿元、全社会研究与试验发展（R&D）经费支出占地区生产总值比例等经济社会发展各项指标高于全省平均水平，力争杭州湾6市经济总量占全省比重有所提升。

（3）大力发展现代海洋产业

继续推进实施《浙江省现代海洋产业发展规划（2017—2022）》，大力组织实施“55340”行动计划。一是推动发展有较好基础和较强实力的五大“优势产业”，重点发展海工装备和高端船舶制造业，绿色石化、新能源汽车等临港先进制造业，港航物流与大宗商品贸易业，滨海旅游业，水产养殖业、海产品精深加工业和远洋渔业。二是推动发展有一定基础和较大潜力的五大“潜力产业”，重点发展航运金融保险、航运教育培训、船舶融资租赁、航运仲裁、海事法律等高端航运服务业，海洋科技服务、海洋电子信息服务、海洋电子制造等涉海科创与信息服务业，海洋工程材料、海洋生物材料等海洋新材料业，海水综合利用业，海洋环保产业。三是推动发展若干个基础薄弱但符合方向、可望成为蓝海的三大“未来产业”，重点发展海洋生物制品产业，海上风能、海岛太阳能、沿海核能、海洋能等海洋新能源产业以及海洋矿业资源勘探开发业。四是推动建设 40 个现代海洋产业功能区，充分利用现有海洋特色产业基地、5 个省级海洋经济试验区等平台基础，推动宁波、温州海洋经济发展示范区建设，高水平培育建设主要产业领域的 35 家以上海洋特色产业功能区块。五是实施“三类万亿”重大项目支撑工程，分类推进涉及 13 类海洋产业共 344 个重大项目，总投资 1.4 万亿元（其中规划期内投资 1.32 万亿元）。重中之重是抓好镇海物流枢纽港、舟山国家远洋渔业基地等特别重大项目的建设。

（4）着力提升海洋科教水平

依托杭州城西科创大走廊、国家自主创新示范区、中心城市科技城等科创大平台建设和浙东南国家自主创新示范区创建，高效搭建海洋海港科技平台。鼓励和支持涉海高校院所与企业联合建立新型研发机构、创新联盟，开展科技成果转移转化长效机制与模式试点工作。依托中国科学院 STS 浙江中心、清华长三角研究院等共建创新载体，组织技术攻关、技术转移与示范、知识产权运营。围绕“双一流”建设，做强海洋渔业科学与技术等涉海类学科，建成与海洋强省相匹配的学科和专业群，不断提升海洋教育水平。继续实施《浙江省海洋科技人才发展规划（2012—2020 年）》，引进、培养、储备、使用一批高精尖领军人才。

（5）切实强化海洋生态保护

一是加快创建海洋生态建设示范区。以长江经济带沿线 11 个省、市联合开展长江流域环境治理为契机，合力开展海洋生态建设示范区创建。加大海洋生态保护的投入与建设力度，探索在基础设施、要素资源等领域实行陆海联动。制定分区分类海岛保护标准，建立重要海岛负面清单制度。深入实施重点海域海湾生态修复计划，试点开展滨海生态廊道建设，保护自然岸线和滨海湿地。积极实施“十三五”近岸海域污染防治专项规划和实施方案，深入推进杭州湾、三门湾、台州湾和乐清湾等重点区域水质污染治理和环境综合整治。加强陆海污染同步监管，实行污染物排海总量控制，不断削减陆源污染物排放量。全面清理非法或不合理设置入海排污口。消灭入海河流劣五类水质，实现陆源入海排污口稳定达标排放以及省控重点入海污染源在线监测。二是推进生态海岸带建设。按照《浙江省大湾区建设十大标志性工程推进方案》要求，以“美丽海湾”为导向，积极有序地从北向南推进沿海海湾规划，建设生态廊道和绿道，统筹串联一批生态海湾海岛滩涂、滨海湿地公园、国家海洋公园、滨海风景名胜区（旅游景区）、滨海历史文化街区、滨海风情小镇、滨海特色小镇等“珍珠”，加快建设发展生态美丽、宜游宜业、可休可养的生态海岸带，高水平建设沿海优质生活圈的新空间、旅游休闲观光的新载体、美丽经济发展的新平台、美丽湾区展示的新窗口。

（6）积极推进涉海政策机制创新突破

一是强化涉海国家战略举措和重大开放平台的政策支持。认真落实浙江省政府关于加快建设海洋强省国际强港的若干意见，完善新一轮海洋经济发展专项资金使用等政策办法。落实好中国（浙江）自由贸易试验区改革试点任务，做大和提升大宗商品自由贸易。用足用好舟山群岛新区、舟山江海联运服务中心、义甬舟开放大通道建设相关政策，支持建设物流、产业大通道。结合大湾区建设、“一带一路”建设综合试验区创建，完善国际航运自由港、海洋经济国际合作等领域相关政策。积极争取更多开放政策、产业政策，支持涉海涉港相关领域建设。二是强化省际涉海领域开放合作机制。深化大洋山、小洋山区域浙沪合作机制和利益共享机制，加强重大前瞻性问题研究和政策协调，共同推进泊位建设、运营等重大事项。加强与其他沿海省市、长江经济带沿线省市在涉海涉港领域的合作。利用开放平台加快涉海涉港领域对外开放，做强沿海地区现有综合保税区，推进设立杭州、温州、绍兴综合保税区，布局建设“一带一路”沿线海外仓群。三是强化重大项目建设推进机制。定期更新全省海洋经济重大建设项目库，统筹推进全省海洋经济重大项目建设。建立健全海洋重大项目“四个一批”建设推进机制，加快推进重大项目落地。印发 2019 年海洋经济重大项目建设实施计划，重点推进 13 大类 349 个重大项目建设，总投资 10 455.5 亿元，争取完成年度投资 1 270.6 亿元。同步开展针对海洋经济重大项目特点的跟踪服务工作，协调解决海洋重大建设项目推进中的突出问题，严格落实地方责任、部门责任和项目单位责任。

（7）夯实海洋经济运行监测与评估业务体系

一是继续优化海洋经济运行监测与评估业务，不断丰富海洋经济运行分析与评估成果，加强海洋经济高质量发展评价，基于问题导向和实际需求，打造一批高质量涉海企业和产品；配合国家完成第一次海洋经济调查验收工作，充分开发第一次海洋经济调查成果，做好海洋经济调查成果集成。二是围绕“统一行使全民所有自然资源资产所有者职责”，根据自然资源产权体系构建要求，开展海洋资源资产负债表编制，结合国家《县级自然资源资产负债表编制试点方案》，设计指标体系，利用现有空间要素基础积累，建立海洋资源实物资产清单，并选取 4 个县区为海洋资源资产负债表编制试点地区，为全国推广海洋资源资产负债表编制工作提供浙江样板。

第八节　福建省

1. 2018 年海洋经济发展成效及举措

据初步核算，2018 年福建省海洋生产总值与上年相比名义上增长 13.6%，达 10 660 亿元，占全省地区生产总值的 30%。海洋三次产业结构占比为 6.1 : 32.7 : 61.1。

（1）海洋强省建设格局有效拓展

一是出台了《中共福建省委　福建省人民政府关于进一步加快海洋强省建设的意见》，制定了《福建加快海洋强省建设 2018 年工作要点》等配套文件，全面部署推进海洋强省建设。二是实施海洋强省重大项目。2018 年，全省 130 个海洋强省建设重大在建项目累计完成投资 526.8 亿元，为年度投资计划的 117.6%，41 个项目建成投产或部分建成；98 个前期项目顺利推进，部分项目已开工建设。安排 1.06 亿元补助资金，支持海洋药物与生物制品、海洋工程装备、海洋新材料、冷链物流和远洋渔业等 46 个项目建设。三是推进海洋经济发展示范。福州、厦门市获批成为国家海洋经济发展示范区，并通过国家“十三五”海洋经济创新发展示范城市中期考核。四是举办“6・18 福建海洋战略性新兴产业项目成果交易会”，146 个项目顺利对接，总投资 277.7 亿元，比上年增长 2.5%。

（2）现代海洋产业加快发展

在优化布局的基础上，重点发展现代渔业、船舶与海洋工程装备、港口物流、海洋电子信息、海洋药物与生物制品、海洋旅游、海洋新能源等产业。海洋渔业方面，着力创新利益联结机制与产业合作模式，实施海上养殖设施更新改造，推动养殖业向外海延伸，积极发展深远海养殖，带动养殖设施制造产业发展。上海振华重工（集团）股份有限公司在连江建成“振鲍 1 号”养殖平台；全省已建成工厂化养殖车间 2 500 万平方米、环保型塑胶养殖网箱 15 万口、深水抗风浪养殖网箱 2 000 多口。积极打造水产千亿产业链，大黄鱼、石斑鱼等十大特色品种产值超过 950 亿元。产业融合更加紧密，惠安崇武、东山大澳渔港经济区国家农村产业融合 PPP 试点顺利推进，新增“水乡渔村”14 家。创新水产品流通业态，完善冷链物流体系，新增冷库库容 15 万吨，水产品网上销售额超过 4.5 亿元。水产品总产量 782 万吨，同比增长 5.03%；渔民人均纯收入 21 417 元，同比增长 9.4%。全年新增外派远洋渔船 45 艘，外派渔船总数达 605 艘；远洋渔业产量 46 万吨、产值 40 亿元，分别比上年增长 7% 和 20% 以上。船舶修造方面，全省拥有规模以上修造船企业 80 家，其中，能够修造万吨级以上船舶的企业达 50 家，年造船能力 400 万载重吨，形成以省船舶集团为龙头，厦船重工、福宁船舶重工、东南船厂等骨干企业同步发展的格局。海洋药物与生物制品方面，拥有以厦门蓝湾、金达威、石狮华宝、润科生物、福建绿新等为代表的海洋医药与生物制品企业近 60 家，已获得鱼肝油乳、鲎试剂、氨基葡萄糖、胶原蛋白肽、微藻 DHA、琼胶、卡拉胶、海洋抗菌肽和海洋生物酶等一批具有自主知识产权的原创性成果。海洋旅游方面，完成东渡 1—3 号泊位邮轮母港码头水工主体改造，开通全国首条串联菲律宾、马来西亚、文莱、新加坡、柬埔寨及越南、跨东南亚六国的“一带一路”邮轮航线，全年接待邮轮

96艘次，旅客吞吐量达到32.5万人次，分别比上年增长24.7%和100.7%。其中，始发港邮轮85艘次，旅客吞吐量29.3万人次，同比增长32.8%和118.7%。航运物流方面，2018年，全省共下拨促进航运业发展专项资金6 025.6万元、港航发展专项资金2亿元。完成港航固定资产投资106.7亿元，新增生产性泊位8个（其中万吨级以上泊位4个）、货物吞吐量达718万吨，改善航道里程61.5千米。新开通3条“一带一路”集装箱班轮航线，巴西淡水河谷混矿业务落地福州可门；引导港口企业参与内陆省份“无水港”建设，厦门港开通至四川攀枝花、成都、江西横岗的海铁联运班列和龙岩至厦门、山东临沂的高岭土海铁联运班列，内陆地区进出口快捷物流通道进一步完善。

（3）海洋生态建设持续加强

一是加强法规建设。按照生态文明建设和国务院“放管服”要求，推动修订《福建省海域使用管理条例》，制定实施《福建省海岸带保护与利用管理条例》，建立实施海洋生态保护红线制度，推进福建海洋资源科学、合理、可持续开发。二是强化海洋环保目标责任制。实施《福建省生态文明建设目标评价考核办法》，将近岸海域水质状况、海洋保护区面积、自然岸线保有率等指标纳入考核体系，对设区市党委、政府开展绿色发展年度评价和生态文明建设目标五年考核，推动形成绿色发展导向。三是建立海陆一体化海洋生态环境保护合作机制。对全省12个海洋工程建设项目开展海洋生态损害补偿试点，实施九龙江—厦门湾污染物排海总量控制试点示范工程，厦门、漳州、龙岩和省直有关部门制定完成试点工作实施方案。四是加强海洋污染防控和生态修复。组织编制海岸带严格保护区域名录和“蓝色海湾”整治修复规划，加大近岸海域、陆域、流域综合整治，67 个县（市、区）和 4 个设区市水产养殖规划发布实施，全省清退、整治海水养殖设施 16 545 公顷、淡水养殖面积 61 万平方米，放流各类水生生物物种 40.7 亿单位。

（4）海洋交流合作深化拓展

一是融入“海上丝绸之路”核心区建设。率先开行“丝路海运”，加入国际航线已达 50 条。推出了包括港口、海铁联运、中转、代理等环节的 12 项“丝路海运”服务标准，得到 100 多家国内外港口航运物流企业的积极响应。二是深化闽台海洋合作。推动海峡两岸（福建东山）水产品加工集散基地、霞浦台湾水产品集散中心、连江海峡水产品加工基地、漳州台湾农民创业园渔业产业区等闽台渔业合作示范区加快发展。持续拓展闽台直接“三通”，实现对台湾主要港口海上客滚班轮航线全覆盖，两岸车辆互通实现个案突破。

专栏 1 积极打造海洋科技创业孵化载体

厦门南方海洋研究中心开展的“厦门海洋高技术产业基地创业创新共享服务平台”项目，建设了福建省内第一个海洋双创基地，为科技团队提供“拎包入住”式服务。目前，已入驻两批共 28 个项目，辅导 10 余个团队注册成立企业，孵化多家企业实现产业化生产。海沧生物科技发展有限公司开展的“厦门海洋生物产业社区”项目，建成 7 栋海洋生物产业创新创业孵化空间，总建筑面积 3.62 万平方米，对接 100 余家科技服务机构，40 余家投融资机构，引进 10 家生物医药产业链上、下游服务型企业，累计为 62 家单位提供技术服务千余次，为 70 家单位提供技术咨询服务 215 次。

专栏 2 积极构建海洋新兴产业技术创新战略联盟

2018 年，福建省海洋生物医药产业创新联盟、福建省海洋与渔业装备产业技术创新联盟和厦门海洋新兴产业创新联盟相继成立。联盟以企业为主体，以市场为导向，瞄准国际前沿水平，以产品高端化、企业集聚化、产业链条化、区域特色化为主线，打造产业发展“智库”，促进产学研用全产业链融合，推动海洋生物医药等海洋新兴产业技术进步和产业化，促进海洋新兴产业的持续健康发展。目前，福建省海洋生物医药产业创新联盟积极加强项目对接，举办了福建省海洋新兴产业项目策划对接会、“2018 福建省海洋经济产业发展论坛”、东山县海洋渔业转型升级项目对接会；厦门海洋新兴产业创新联盟已有百余家涉海成员单位，分为海洋生物医药、海洋高端装备、海水淡化、海洋高技术服务业和海洋信息业五个组。

专栏 3 积极推动金融创新服务海洋产业发展

一是设立海洋产业创投基金。由省、市两级财政各出资 2 500 万元，成立了厦门海洋产业创投基金引导基金，通过市场杠杆，吸引民间资本投入海洋产业，助力海洋产业创新升级。福州市通过“海上福州”专项基金、福州新区投资资金，及与中国邮政储蓄银行福州分行、海峡银行、振华重工集团等机构合作建立基金，支持相关海洋战略性新兴产业发展。二是开展开发性金融，积极争取贷款贴息政策。与国家开发银行厦门分行、中国农业发展银行和中国工商银行开展战略合作，成立“厦门市开发性金融促进海洋经济发展试点工作小组”，形成向自然资源部和国家开发银行推荐开发性金融促进海洋经济发展试点工作项目的常态化机制，积极争取贷款贴息政策。三是开展“海洋助保贷”业务。由厦门市政府安排专项资金为贷款企业担保增信，并由合作银行提供放大 10 倍的专项贷款，为海洋中小企业发展提供资金扶持。

2. 2019 年海洋经济工作重点

（1）抓好海洋重大项目

围绕完善海洋设施、壮大海洋产业、提升海洋科技、保护海洋生态等领域，谋划推进一批重点项目并制定项目建设实施方案，强化项目带动作用。建立海洋项目审批绿色通道，加强项目建设要素保障，做好项目跟踪推进和协调服务，加快海洋项目落地。

（2）抓好海洋重点产业

大力吸引和布局临海产业项目，重点发展绿色石化、冶金新材料、海洋船舶、新能源汽车、高端装备、临海能源等产业。加快“海上粮仓”建设，推进浅海滩涂养殖向规范化、生态化转型，引导发展智能化抗风浪深水网箱养殖、全塑胶渔排养殖、陆基工厂化全循环海水养殖、池塘工程化循环水养殖等模式。培育海洋新兴产业，推进海洋工程装备制造产业示范工程，大力发展海洋药物与生物制品产业，科学规划建设海上风电项目，引进培育专业化海洋环境污染治理企业。着力发展现代海洋服务业，重点发展滨海度假、邮轮游艇、海洋运动、海钓休闲、渔村风情和渔家民俗体验等海洋旅游业，做大做强航运物流业，加快培育海洋文化创意、信息服务等产业。

（3）抓好港航设施建设

推进核心港区整体连片开发，重点推进福州港、厦门港、湄洲湾港的码头建设，加快实施深水航道项目。完善港口集疏运体系，抓好疏港铁路专用线、港口后方铁路通道等项目建设，实现沿海港口与铁路、高速公路顺畅连接。拓展江海联运通道，提升泉州、三明、龙岩、武夷山等“陆地港”服务功能，拓展港口发展腹地。加强诏安赤石湾、田厝和泉港诚峰等一批国家中心渔港、一级渔港建设，打造一批渔港经济区。

（4）抓好海洋科技创新

发挥海洋产业创新联盟作用，围绕海洋药物与生物制品、海洋工程装备、海洋新材料等领域进行前瞻性、共性技术开发，突破一批基础性和关键性的技术问题，助推重点产业链条延伸。充分利用中国·海峡项目成果交易会、中国国际投资贸易洽谈会等平台，推动海洋科技成果与企业对接。着力提升6.18协同创新院海洋分院的载体功能，完善国家技术转移海峡中心网络体系，加快科技成果孵化和产业化步伐。推进厦门南方海洋研究中心等平台建设，推动建设一批科技兴海示范园区、基地和公共服务平台。

（5）抓好海洋生态保护

推动解决围填海历史遗留问题，妥善处置合法合规的围填海项目，依法依规查处违法违规的围填海项目，科学评价对海洋生态环境的影响，分类做好处置工作。严守海洋生态保护红线，加强滨海湿地保护，推进"蓝色海湾"等生态修复工程。实施近岸海域污染防治攻坚战，建立完善入海排污口台账清单和岸线分段负责、海域分片治理等长效机制，推进入海排污口及海洋垃圾污染整治。开展江河湖海渔业资源养护修复行动，严格实行海洋伏季休渔和闽江禁渔制度。深入排查海洋环境风险点，建立完善安全风险分级管控和隐患排查治理双重预防机制。

（6）抓好海洋经济发展示范区建设

加快推进福州、厦门海洋经济发展示范区建设，落实重点建设任务，努力在海洋资源要素市场化配置、涉海金融服务模式创新、海洋新兴产业链延伸和产业配套能力提升、海洋环境治理与生态保护模式创新等方面取得新进展，打造全国海洋经济发展的重要增长极和加快建设海洋强国的重要功能平台。

第九节　广东省

1. 2018 年海洋经济发展成效

据初步核算，2018 年广东省海洋生产总值达 1.93 万亿元，与上年相比名义上增长 9%；海洋生产总值连续 24 年位居全国首位，占全省地区生产总值的 19.9%，海洋三次产业结构比为 1.7 : 37.1 : 61.2。

（1）传统优势海洋产业保持稳定增长

海洋旅游业、海洋交通运输业、海洋化工业和海洋油气业是广东省海洋经济发展的支柱产业。2018 年，广东省海洋旅游供需两旺，旅游产业发展动力强劲，滨海旅游收入持续高速增长，全省 14 个滨海城市景区接待游客 1 024 万人次，同比增长 8.8%。港口运输攻坚克难，生产平稳有序，广州港、深圳港、珠海港、湛江港 2018 年分别完成货物吞吐量 4.65 亿吨、2.5 亿吨、1.25 亿吨和 1.49 亿吨，分别同比增长 6.5%、4.1%、1.4% 和 3.3%。海洋化工业增长较快，中国海洋石油集团有限公司油惠炼二期 120 万吨 / 年乙烯装置正式投产。茂名石化全年累计加工原油 1 906 万吨，同比增加 50.3 万吨；加工原料油 2 051.5 万吨，同比增加 74.3 万吨；生产乙烯 119.1 万吨，同比增加 1.5 万吨，均创历史最高纪录。海洋油气业稳步增长，2018 年，广东省原油产量达到 1 393.5 万吨，中国海洋石油集团有限公司南海东部油气田产量 1 500 万立方米以上，连续 23 年产量超过 1 000 万立方米油当量。

（2）海洋生物产业集聚效应明显

截至 2018 年年底，广东省从事渔业生产的法人单位约 1 100 家；从事海洋药物和生物制品生产或生物技术研发的法人单位超过 500 家。2018 年，广东省海水养殖产量 316.7 万吨，同比增长 4.5%，海水养殖名优品种年产量超过 30 万吨；全省新注册从事海洋生物医药技术研发、生产或服务的企业 247 家，累计 143 家海洋生物医药企业申请了专利；中国（珠海）海洋功能性食品创新研发中心等平台建设取得重大进展。

（3）海上风电产业发展迅猛

截至 2018 年年底，在粤海上风电产业开发与服务企业超过 100 家。2018 年，全省新核准近海浅水区海上风电项目装机容量 873 万千瓦，浅水区并网、在建、核准装机容量总规模达到 1 035 万千瓦。重点项目基础设施建设不断提速，2018 年 3 月，全省首个海上风电项目——珠海桂山海上风电场示范项目 110 千伏三角岛升压站受电成功；10 月，全省首个 5 兆瓦级以上海上风电项目——湛江外罗海上风电项目顺利进入批量吊装阶段。全省海上风电产业体系基本形成装备—施工—运营—专业服务产业体系。同时，积极向国家争取开展近海深水区海上风电项目试点相关工作。

（4）海工装备积极拓展新领域

2018 年，广东省积极打造高端智能海洋工程装备超级产业，新技术及新产品研发取得重大突破，海上油气井口架及移动平台、海上通信系统等获得国家专利，超深水半潜式钻井平台、小型化水面机器人、深远海智能化坐底式网箱等一批创新实用型产品研制成功。船舶和海洋工程装备制造基地建设加快推进，已建成广州南沙、深圳蛇口、珠海高栏港等一批海洋工程装备制造基地，逐步形成珠江东、西岸海洋工程装备制造业集聚区。

（5）海洋公共服务业支持海洋经济发展作用显著增强

2018 年，基于海洋大数据的应急指挥信息管理系统，已在广州港、珠海港、茂名港、惠州港和阳江港等大型港口应用。广东省海上风电大数据中心投入运营。完成了 11 个海洋观测站点审批工作。编制了《2018 年广东省海平面变化影响调查评估工作报告》。组织开展了风暴潮灾害现场调查评估。新增 35 个警戒潮位标志物，全面完成每个沿海县（区）至少布设一个警戒潮位标志物的目标。

2. 2018 年推动海洋经济发展主要举措

（1）以习近平新时代中国特色社会主义思想为指引，开启新时代海洋经济强省建设新征程

2018 年 3 月 7 日，习近平总书记参加第十三届全国人大一次会议广东代表团审议时，对广东提出“四个走在全国前列”的重要指示，特别指出要把海洋经济等战略性新兴产业发展作为重中之重，构筑广东产业体系新支柱。广东省第十二次党代会提出要“建设海洋经济强省，打造沿海经济带，拓展蓝色经济空间”。省委第十二届四次全会出台“1+2+4”系列文件，提出要深刻把握广东向海而兴的发展规律，加快全面建设海洋强省。12 月，广东

省委、省政府印发《关于构建“一核一带一区”区域发展新格局 促进全省区域协调发展的意见》，明确指出要统筹推进海岸带和岛屿的开发与保护，大力发展海洋经济。

（2）以海岸带规划为引领，扎实推动沿海经济带建设

广东省政府印发《广东省严格保护岸段名录》，划定202段严格保护岸段，实施分类分段精细化管理。深入贯彻落实习近平生态文明思想，大力推动海岸带综合示范区建设，起草《关于推进海岸带综合示范区建设的指导意见》，下达2亿元专项资金支持示范区建设，在海洋经济高质量发展、“多规融合”、海洋生态保护修复等方面开展示范，以“生态空间”支撑“发展空间”，优化“生活空间”，打造宜居、宜业、宜游的黄金海岸带。

（3）推动海洋产业集聚发展，构建现代海洋产业体系

一是大力发展海洋六大产业。省级财政新增3亿元专项资金，重点支持海洋电子信息、海洋生物、海洋工程装备、海上风电、天然气水合物、海洋公共服务业六大产业科技创新与成果转化，按照无人化、智能化、深海化要求，推动海洋产业向深海拓展。编制《广东省海洋六大产业发展三年行动方案》，明确产业发展目标、路径和政策，重点培育一批涉海龙头企业和具有成长力的新型企业。二是加快推进海洋经济示范区建设，打造一批海洋产业集聚区和海洋产业园区。有序推进湛江、深圳海洋经济创新发展示范城市建设，加快深圳前海、珠海横琴等重大平台，以及汕头海湾、中山翠亨、茂名滨海等重点区域建设，打造广州南沙科技兴海产业示范基地、珠海高栏港经济区、深汕特别合作区等省级现代海洋产业集聚区。三是积极探索

金融支持海洋经济发展路径。认真贯彻落实国务院八部委联合印发的《关于改进和加强海洋经济发展金融服务的指导意见》，印发广东省贯彻落实意见。加强与政策性金融机构合作，落实《开发性金融支持广东海洋强省建设合作备忘录》，强化与中国农业发展银行对接，推动金融支持广东海洋经济发展。四是扎实推进全省海洋经济调查工作。完成广东省第一次全国海洋经济调查自验收工作，利用调查成果，启动编制《广东省海洋经济地图》。开展省、市两级海洋生产总值核算，组织开展海洋产业现状分析，为海洋产业管理提供支撑。

（4）充分发挥广东海洋创新联盟平台作用，加强海洋科技创新与合作

一是加强广东海洋创新联盟成员单位交流协作。2018 年，创新联盟发布专家委员会名单，建立广东海洋创新联盟专家智库，创办广东海洋创新联盟会刊，搭建广东海洋创新联盟共享资源库，开展广东海洋创新联盟联合科考，有力地推动了广东省海洋科技创新发展，提升海洋资源开发的能力。二是推动海洋科技创新平台建设。稳步推进广州、湛江国家海洋高技术产业基地和广州南沙新区国家科技兴海产业示范基地建设。广州、珠海、湛江三市同步建设南方海洋科学与工程广东省实验室，进一步整合粤港澳海洋研究力量，提升广东海洋科技创新能力，带动区域海洋科技与海洋经济发展。三是深化对外交流合作，推动“一带一路”建设。积极推进中国－东盟海上合作基金项目的实施，举办 2018 年太平洋岛国渔业培训班，不断拓展远洋渔业合作空间，积极鼓励广东省企业到东盟等国家和地区投资。在湛江成功举办第五届中国国际水产博览会、2018 中国海洋经济博览会。

(5) 强化海洋污染防治与生态整治修复，全面推进海洋生态文明建设

开展全省填海造地大排查工作，对广东省填海造地活动进行全面排查和评价，提出科学的管控意见。在深圳市、惠州市、湛江市以及汕头南澳县、茂名电白区开展“湾长制”试点工作。推进国家级海洋生态文明示范区建设，开展“蓝色海湾”整治，编制《广东省海洋生态红线监督管理办法》《广东省美丽海湾建设总体规划》《广东省大陆海岸线使用占补制度实施细则》，加大海洋生态保护和生态环境整治修复力度。印发《惠州市大亚湾（含考洲洋）海域污染物排海总量控制实施方案》，启动大亚湾等重点海域污染物排海总量控制工作。开展海洋与渔业污染源普查工作，进一步摸清入海排污口、水产生产等污染。建成人工鱼礁 50 座，礁区面积达 300 平方千米；龟龄岛东海域、珠海庙湾岛海域等 8 个海洋牧场经农业部批准为国家级海洋牧场示范区，渔业资源持续恢复。

(6) 深化海域使用“放管服”改革，提升海洋综合管理水平

印发省管用海项目审查审批工作细则，在海域管理领域全面推行“一个取消、两个下放、三个委托”等一系列改革措施。颁布实施《关于加强围填海成陆土地利用和管理若干问题的通知》，进一步规范对围填海造地的管控。印发《广东省海岛旅游发展总体规划（2017—2030 年）》，着力打造 20 个滨海海岛旅游目的地，建设世界顶级海岛休闲旅游集群。研究制定无居民海岛使用权价值评估技术规范、海岸线整治修复规划、岸线价值评估、岸线修复认定与验收、岸线整治修复管理、“放管服”改革效果评估等一系列规范性文件。修订《海砂开采海域使用管理暂行办法》，制定海砂开采海域使用权挂牌出让工作规范。

3. 2019年海洋经济工作重点

（1）推动粤港澳大湾区海洋经济发展

落实《粤港澳大湾区发展规划纲要》，大力发展海洋经济，加强粤港澳合作，拓展蓝色经济空间，构建现代海洋产业体系。积极筹办2019年中国海洋经济博览会和粤港澳海洋合作发展论坛，推动广东省海洋经济全面参与对外经济交流合作；依托“一会一论坛”，切实加强与港澳地区和国外主要经济体的联系，吸引发达国家和地区的海工装备、海洋能源、海洋科技、海洋环保、港口物流、生物医药和现代服务业等先进产业投资落户，全力服务广东海洋强省建设和开放型经济新体制构建。

（2）打造现代化沿海经济带

深入实施广东省沿海经济带综合发展规划，推动新增建设用地指标和用林指标向沿海经济带倾斜，以大交通、大产业、大城市为支撑，全力保障汕头、湛江省域副中心城市建设的发展需求，对支撑“串珠成链”的深中通道和广汕、广湛、赣深、深茂等高、快速交通设施项目提供服务保障。依托重点园区助力培育发展重大产业集群，支持湛江巴斯夫、惠州埃克森美孚、揭阳中委广东石化等重大项目落地。深入实施《广东省海岸带综合保护与利用总体规划》，出台《关于推进广东省海岸带综合示范区建设的指导意见》，加快汕头华侨试验区等地的海岸带综合示范区建设。

（3）推动海洋经济高质量发展

加快推动海洋传统产业优化升级，支持沿海港口群整合、多式联运枢纽建设，促进海洋旅游、海岛旅游加快发展。加快深圳、湛江海洋经济发展示范区建设，推进深圳建设全球海洋中心城市。用好3亿元的省级海洋经济发展专项资金，出台实施《广东省海洋六大产业发展三年行动方案》，重点支持发展高端海工装备、海上风电、海洋生物等海洋六大产业，继续推进海上风电阳江产业基地、粤东运维组装基地、中山研发制造基地建设。加强海洋经济运行监测评估，编制发布《广东省海洋经济地图》《广东海洋70周年画册》。

（4）完善海域海岛管理制度

修订《广东省海域使用管理条例》，研究出台《海域、无居民海岛有偿使用实施意见》和《广东省无居民海岛使用权市场化出让试行办法》，建立海域使用权价值评估体系，开展无居民海岛使用权市场化出让试点工作，加快推进海砂新砂源选址和市场化。加快出台海岸线占补实施细则、海岸线价值评估等配套制度。启动《广东省海岛管理条例》立法工作。

（5）强化海洋生态保护修复

出台《广东省美丽海湾建设总体规划（2019—2035年）》，指导全省美丽海湾建设。用好海岸线整治修复和重点海湾整治专项资金，重点开展自然岸线保护修复、魅力沙滩打造、海堤生态化、滨海湿地恢复、美丽海湾建设“五大工程”。开展蓝色湾区守护行动，编制《粤港澳大湾区海岸带生态修复减灾三年行动计划（2019—2021年）》和《粤港澳大湾区海洋生态修复项目库》，筑牢大湾区生态安全屏障。

第十节　广西壮族自治区

1. 2018 年海洋经济发展成效及举措

2018 年，广西壮族自治区海洋经济总体保持平稳增长。据初步核算，全年全区海洋生产总值达 1 502 亿元，与上年相比名义上增长 9.1%，占全区地区生产总值的 7.4%。海洋第一产业、第二产业、第三产业增加值占海洋生产总值的比重分别是 15.3%、32.4% 和 52.3%。

（1）发挥优势、突出重点、协调发展，不断优化海洋产业区域布局

2018 年，北海、钦州、防城港 3 个沿海城市依托本地资源禀赋，按照发挥优势、突出重点、协调发展的要求，积极发展壮大优势产业，努力打造各具特色的海洋产业集聚区，传统海洋产业稳步发展，新兴海洋产业迅速崛起，海洋产业区域布局不断优化，为壮大全区海洋经济规模奠定了基础。

（2）突出陆海联动，发展向海经济，推进海洋强区建设

一是认真谋划向海经济顶层设计。成立“打造广西向海经济”工作领导小组，编制完成《打造广西向海经济行动方案》。二是支持沿海 3 市特色发展。支持北海市推进海洋经济创新发展示范城市、国家科技兴海产业示范基地、国家级海洋生态文明示范区建设工作；支持以北海为核心在北部湾经济区设立“向海经济综合试验区”，与防城港市人民政府签订《产业合作框架协议》，与钦州市人民政府签订《建设现代渔港经济区、创建国家级大蚝现代特色农业产业园战略合作框架协议》。三是支持企业“走出去”。以企

业国内融资海外代付、全口径跨境协议融资等方式，为冠德科技（北海）有限公司在柬埔寨投资的电子产业园项目，广西荣冠远洋捕捞有限公司、北海市中塔渔业贸易有限公司在非洲投资的远洋捕捞、海水产品加工企业提供境外多元化金融服务。

（3）统筹科技研发新兴产业和先进制造业，加快现代海洋产业发展

一是积极落实《广西海洋经济可持续发展“十三五”规划》。二是积极发展沿海现代服务业。完成《广西海洋服务业2018年工作方案》《涠洲岛旅游区综合改革方案》（涉海部分）《广西海洋服务业三年行动计划（2018—2020）》编制，完成广西涉海服务业企业调查，建立了涉海服务业企业库。三是完成第一次全国海洋经济调查工作，完成非沿海11市涉海企业、沿海3市涉海企业清查，调查清查底册企业46 540家；认定全区海洋产业单位3 252家，海洋相关产业单位316家。四是支持广西中医药大学进行海洋药物开发。

2. 2019年海洋经济工作重点

（1）认真谋划好海洋经济发展顶层设计

谋划广西海洋管理和海洋经济发展政策措施，做好发展广西向海经济的顶层设计。研究出台《广西海洋主体功能区规划》配套政策，组织编制《广西海岸带综合保护和利用规划》。修改完善《加快发展北部湾经济区向海经济三年行动计划（2019—2021年）》。开展海洋经济发展“十四五”规划前期研究；筹划编制《关于加快发展海洋经济推动海洋强区建设的决定》。

（2）加快海洋传统产业转型升级，发展壮大海洋新兴产业

推进传统优势海洋产业新旧动能转化，海洋渔业着重由近岸浅海向远洋深海拓展，促进传统的海产品粗加工和初加工向精深加工转变；海洋交通运输业要紧密围绕中新互联互通南向通道及西部陆海新通道建设，打造多式联运为主的综合港口集疏运系统；海洋旅游业要深入挖掘旅游资源，打造高端品牌、精品路线，重点发展边境游、海岛游等富有地域特色的项目。海洋新兴产业主要在北海市发展海洋药物与生物制品业，建立北部湾海洋生物制药研发及产业化基地；在钦州和防城港市发展海洋工程装备和高端船舶制造业，重点发展高技术船舶和特色船舶，延伸发展深远海关键装备设计建造技术，增强广西海洋工程高端产品总装建造能力。

（3）积极发展现代海洋服务业

一是加快建设集装箱国家海铁联运服务中心。构建以北部湾深水枢纽港和储备基地、大型标准化船舶和装备、重载高速铁路“无水港”、港口铁路集装箱转运中心站、航运电子商务平台、国际海事服务体系、国内铁路货运综合服务平台为要素的海铁联运服务系统，满足服务西南、中南地区以及“一带一路”沿线省份和国家海铁联运的需求。二是发展涉海金融服务业，探索设立广西海洋经济发展基金，尝试采取 PPP 等方式，吸引和带动更多社会资本进入海洋经济领域。同时，不断完善有关政策，为社会资本进入海洋经济建设领域创造条件。

（4）开展海洋生态文明建设

一是坚持陆海统筹、河海兼顾，完善海洋生态环境保护协调合作机制，争取纳入国家省级海岸带综合保护与利用总体规划试点，促进海洋经济可持

续发展和海洋资源的可持续利用。二是严格划定海洋生态保护红线，强化海洋生态保护红线管控，确保海洋生态保护红线面积不减少、功能不降低、性质不改变。三是继续开展海洋环境实时入海污染物监督监管能力建设和海洋灾害预警报服务能力建设。四是统筹推进“蓝色海湾”“南红北柳”“生态岛礁”三大生态修复工程，加快推进海洋生态文明建设。五是进一步探索并推进海洋环境保护市场化，引导更多的企业和民间资本进入海洋环境保护市场，培育发展健全的产品、技术和服务体系，充分借助市场的力量促进海洋环保产业发展。

（5）深入实施科技创新战略

一是制定海洋产业高端人才引进优惠政策，加快人才培养和引进力度，努力把广西建设成为海洋高端人才聚集地和高素质海洋人力资源富集区。二是积极主动推动自然资源部第四海洋研究所建设，确保在 2018 年中国 – 东盟博览会期间正式挂牌运行。三是推动建立广西海洋科技创新联盟。推进区内外涉海科研院校和区内涉海龙头企业建立海洋科技联盟，在海洋工程装备、海洋药物与生物制品等领域推动建立海洋产业协同创新中心、海洋高科技产业基地、科技兴海基地，积极推动政产学研用的协同创新。四是积极引进和大力培养海洋高层次人才，集中力量支持北部湾大学建设，支持广西大学等高等院校办好海洋学院。五是充分利用全区国家级、自治区级重点实验室，依托国家级高新区，加快提升海洋科技创新平台研发水平，建设区域性海洋科技创新和转移集聚区。

第十一节　海南省

1. 2018 年海洋经济发展成效及举措

据初步核算，2018 年海南省实现海洋生产总值 1 447 亿元，与上年相比名义上增长 12.5%，占全省地区生产总值的 30.0%。海洋三次产业结构比调整为 19.9 : 17.9 : 62.2，基本形成以海洋渔业、海洋旅游业、海洋科研教育服务业为支柱的海洋产业体系。海洋生态环境保持良好，近岸海域达到国家第一类、第二类海水水质标准的面积占 94.6%。

（1）加强海洋经济发展的顶层设计

完成海洋经济“十三五”规划中期评估工作，及时调整海洋经济发展方向和目标；编制并印发实施《海南省海洋主体功能区规划》；编制完成《海南省油气资源基础性勘查规划》《海南省油气开发规划（2017—2035）》；组织编制《海南现代化海洋牧场建设布局规划（2018—2025）》《海南省海岛海水淡化工程实施方案》《海洋经济合作示范区发展规划》等。

（2）加快传统海洋渔业转型升级

一是解决渔船管理历史遗留问题，推进渔船换证入库工作。二是培育发展深远海智能养殖渔场、现代化海洋牧场、渔港经济区等渔业发展新业态。三是推动海洋渔业基础能力建设，加快推动渔港改造升级，谋划高标准建设铺前、乌场、崖州、八所和白马井等重点渔港，打造渔港集群。

（3）推动并规范油气矿产资源开发

一是加强与部委、中央企业的合作。自然资源部、海南省人民政府、中国海洋石油集团有限公司签订了战略合作协议，推动深海油气及天然气水合物勘探开发合作。与中国地质调查局共同起草了《海南地质调查工作战略合作协议》。二是开展油气勘察开采管理体制改革。起草南海油气勘查开采管理改革试点方案，探索建立油气矿业权准入退出、竞争出让、探采一体化审批登记制度和监督管理体制，逐步放开南海油气资源勘查开发市场。三是完善配套政策。编制完成《海南省油气区块矿业权监督管理办法》（草案）等文件。

（4）做大做强海洋新兴产业

一是加快海水淡化工程建设。完成全省海水淡化需求调查和海水淡化实施方案的编制工作。二是加快发展深海科技。主动对接国家深海基地南方中心落地事宜，协调中国大洋矿产资源研究开发协会对深海基地南方中心进行选址。三是稳步推进海洋能开发。东方近海风电项目列入国家海上开发计划；完成海水抽水蓄能电站资源普查；万宁波浪能并网项目正在稳步推进；温差能、潮汐能等开展资源评估工作。

专栏1 海口积极推进海洋科技创新，取得丰硕成果

海口市拥有海南大学、海南师范大学、海南医学院等5所涉海高等院校和中国热带农业科学研究院、海南省海洋与渔业科学院等6所涉海科研院所，拥有南海资源利用国家重点实验室、省部共建的海南热带生物资源教育部重点实验室等一批重点实验室，以及海南德益丰水产科技有限公司院士工作站、

海南医学院院士工作站等 10 多个院士工作站，拥有多样化的热带海洋科技创新平台共 104 个。海南大学承担的海洋中药海蛇复方抗风湿药物研究开发项目在临床经验的基础上，结合海南地方特色资源优势，依照国家新药研究规范，开展海蛇抗风湿复方制剂的药学、药效学及毒理研究，提高海洋生物资源利用和产业化，增强开发利用海洋资源的能力。海南金盘智能科技股份有限公司承担的海洋环境应用智能电力装备协同创新及产业链构建项目研发的海洋环境应用干式变压器已通过霉菌、盐雾、声级、抗短路等项目的第三方测试，目前已成功在海上钻井平台、舰船推进、海上风力发电等项目中应用；成功研制出浸水变压器产品；成功研制出一套风电塔筒内嵌式智能监控升压变电装置并通过第三方检测。

2. 2019 年海洋经济工作重点

（1）坚持陆海统筹，探索人与海洋和谐共处的文明发展新路

一是坚持陆海空间统筹。按照构建高效、统一的规划管理体系原则，加快推动海岸带保护利用综合规划，实现陆海规划的统筹衔接，完善全省规划“一张图”，为滨海产业及三沙市发展提供良好的政策基础。二是坚持产业陆海统筹。充分发挥城乡发展总体规划、海岛海域利用规划、产业园区总体规划等引领作用，进一步优化产业布局，实现滨海产业集中、协同、高质量发展；配套基础设施统筹发展。三是坚持陆海自然资源统筹。建立陆海资源衔接、协同管控、修复机制，实现陆海资源的统筹高效、绿色利用。继续开展“蓝色海湾”“生态岛礁”“南红北柳”等海域海岛修复工程，建立生态损害防治修复机制。

（2）以传统海洋产业为重点，促进产业优化升级

推动开通 21 世纪海上丝绸之路等特色邮轮旅游航线和邮轮海上航线试点；放宽游艇管理政策，简化、优化船舶营运程序和条件，创新游艇新业态的管理体制，实施琼港澳游艇自由行，扩大开放水域范围；加快港口资源整合，形成各港差异化、协调发展局面，港口、产业、城市联动融合发展；促进渔业生产方式向“耕海”“养海”转型升级，积极推动培育深远海增养殖、海洋牧场示范、休闲渔业、“互联网 + 渔业”等渔业新业态。

（3）以油气资源开发为重点，提高深海能源开发能力

争取获得管辖海域油气资源的勘查和采矿许可审批监管权、油气资源自营开发权及对外合作专营权。推进南海油气勘查开采管理改革试点，深入探索建立油气矿业权准入退出、竞争出让、探采一体化审批登记制度和监督管理体制改革。在现有油气区块中优选油气勘查区块退出，争取成立海洋油气资源开发公司，通过合作、参股等形式参与南海油气资源勘查开发和利益分享。加快推进海南天然气水合物开采先导试验区建设。

（4）加快培育海洋新兴产业，打造特色海洋经济

重点围绕海水淡化与综合利用、海洋工程装备研发与应用等新兴产业发展，开展政策研究；协调落实深远海智能养殖渔场项目陆域配套和全产业链构建工作，打造形成深远海智能养殖渔场全产业链发展模式；推动海洋工程装备建设发展，推动国家深海基地南方中心建设；推动海洋可再生能源项目示范试点，推动东方太阳能海水淡化试点项目建设，探索商业化模式。

（5）推动体制机制创新，加强对外交流合作

加强区域合作交流互动，依托泛珠三角区域合作机制，深化对外交往合作，推动海南与有关省区共同参与南海保护开发与利用，共建海洋经济示范区、海洋科技合作区，积极参与21世纪海上丝绸之路建设，参与南海共同开发。

（6）完善经济政策体系，营造良好发展环境

以规划为引领，协同推进海洋产业发展，编制海洋强省战略发展规划，明确海洋强省战略发展方向和推进路线，制定实施方案，明确各方职责和时限。建立健全海洋经济统计核算体系，提升海洋经济监测评估能力，及时发布海洋经济信息，引导产业发展。以海口海洋经济创新发展示范城市、陵水海洋经济发展示范区为重点，探索现代海洋经济发展体系、发展路径。开展金融对海洋经济的扶持政策研究，加大金融机构对海洋项目信贷资金投放力度，开展海域使用权、船舶抵押贷款业务，拓宽直接融资渠道。

附　表

表 1　2018 年国务院发布的涉海法律法规及政策规划

政策 / 规划	发布机构	发布时间
《关于促进全域旅游发展的指导意见》	国务院办公厅	2018-03-09
《国务院关于印发进一步深化中国（福建）自由贸易试验区改革开放方案的通知》	国务院	2018-05-04
《国务院关于印发进一步深化中国（天津）自由贸易试验区改革开放方案的通知》	国务院	2018-05-04
《国务院关于印发进一步深化中国（广东）自由贸易试验区改革开放方案的通知》	国务院	2018-05-04
《国务院关于加强滨海湿地保护严格管控围填海的通知》	国务院	2018-07-14
《国务院关于促进天然气协调稳定发展的若干意见》	国务院	2018-08-30
《国务院办公厅关于完善国家基本药物制度的意见》	国务院办公厅	2018-09-13
国务院办公厅关于印发《推进运输结构调整三年行动计划（2018—2020 年）》的通知	国务院办公厅	2018-09-17
《国务院关于印发中国（海南）自由贸易试验区总体方案的通知》	国务院	2018-09-24
《国务院关于印发优化口岸营商环境促进跨境贸易便利化工作方案的通知》	国务院	2018-10-13
《国务院关于支持自由贸易试验区深化改革创新若干措施的通知》	国务院	2018-11-07
《中共中央　国务院关于统一规划体系更好发挥国家发展规划战略导向作用的意见》	中共中央、国务院	2018-11-18
《国务院关于在海南博鳌乐城国际医疗旅游先行区暂时调整实施<中华人民共和国药品管理法实施条例>有关规定的决定》	国务院	2018-12-21

表 2　2018 年国务院有关部门发布的促进海洋经济发展的相关政策规划

海洋产业	政策 / 规划	发布部门	发布时间
海洋渔业	《国家级海洋牧场示范区年度评价及复查办法（试行）》	农业农村部办公厅	2018-10-19
	《关于进一步加强远洋渔业安全管理　严防发生涉外违规事件的通知》	农业农村部办公厅	2018-11-28
	《国家级海洋牧场示范区（第四批）》	农业农村部	2018-12-27
海洋油气业	《关于调整天然气进口税收优惠政策有关问题的通知》	财政部、海关总署、国家税务总局	2018-03-01
海洋可再生能源业	《关于增量配电业务改革第一批试点项目进展情况的通报》	国家发展改革委、国家能源局	2018-10-09
	《清洁能源消纳行动计划（2018—2020 年）》	国家发展改革委、国家能源局	2018-10-30
船舶和海洋工程装备制造业	《关于调整重大技术装备进口税收政策有关目录的通知》	财政部、国家发展改革委、工业和信息化部、海关总署、国家税务总局、国家能源局	2018-11-14
	《智能船舶发展行动计划（2019—2021 年）》	工业和信息化部、交通运输部、国防科工局	2018-12-27
	《推进船舶总装建造智能化转型行动计划（2019—2021 年）》	工业和信息化部、国防科工局	2018-12-27
海洋交通运输业	《交通运输服务决胜全面建成小康社会开启全面建设社会主义现代化国家新征程三年行动计划（2018—2020 年）》	交通运输部	2018-06-01

续表

海洋产业	政策 / 规划	发布部门	发布时间
海洋旅游业	《促进乡村旅游发展提质升级行动方案（2018 年—2020 年）》	国家发展改革委、财政部、人力资源社会保障部、自然资源部、生态环境部、住房城乡建设部、交通运输部、农业农村部、文化和旅游部、国家卫生健康委、中国人民银行、市场监管总局、中国银行保险监督管理委员会	2018-10-10
	《关于促进乡村旅游可持续发展的指导意见》	文化和旅游部、国家发展改革委、工信部、财政部等 17 部委	2018-12-10
邮轮游艇产业	《关于促进我国邮轮经济发展的若干意见》	交通运输部、国家发展改革委、工业和信息化部、公安部、财政部、商务部、文化和旅游部、海关总署、国家税务总局、国家移民管理局	2018-09-17
其他	《全国海洋生态环境保护规划（2017—2020 年）》	国家海洋局	2018-02-13
	《渤海综合治理攻坚战行动计划》	生态环境部、国家发展改革委、自然资源部	2018-12-12

表 3　2018 年沿海地区发布的促进海洋经济发展的相关法律法规与政策规划

地区	政策 / 规划	发布部门	发布时间
辽宁	《辽宁“一带一路”综合试验区建设总体方案》	辽宁省委、辽宁省人民政府	2018-09-10
	关于印发《辽宁省加强滨海湿地保护严格管控围填海实施方案》的通知	辽宁省人民政府	2018-11-15
	《关于促进大连区域性金融中心建设若干政策措施》	大连市人民政府办公厅	2018-09-27
河北	《加快沿海地区开放开发实施方案》	河北省人民政府办公厅	2018-12-14
	《关于优化口岸营商环境促进跨境贸易便利化工作的若干措施》	河北省人民政府	2018-12-30
天津	《天津市新能源产业发展三年行动计划（2018—2020 年）》	天津市人民政府办公厅	2018-10-22
	《天津市生物医药产业发展三年行动计划（2018—2020 年）》	天津市人民政府办公厅	2018-10-29
	《天津市新材料产业发展三年行动计划（2018—2020 年）》	天津市人民政府办公厅	2018-10-29
	《天津市邮轮旅游发展三年行动方案（2018—2020 年）》	天津市人民政府办公厅	2018-11-21
	《关于促进全域旅游发展的实施意见》	天津市人民政府办公厅	2018-12-05

续表

地区	政策 / 规划	发布部门	发布时间
山东	《大力推进全域旅游高质量发展实施方案》	山东省委、山东省人民政府	2018-09-17
	关于《山东省沿海城镇带规划（2018—2035年）》的批复	山东省人民政府	2018-10-23
	关于《青岛西海岸新区总体规划（2018—2035年）》的批复	山东省人民政府	2018-10-23
	《山东省高端装备制造业发展规划（2018—2025年）》	山东省人民政府	2018-10-26
	《山东省现代金融产业发展规划（2018—2022年）》	山东省人民政府	2018-10-19
	《山东省海洋与渔业信用红黑名单管理办法》	山东省海洋与渔业厅	2018-10-17
	《关于加快七大高耗能行业高质量发展的实施方案的通知》	山东省人民政府	2018-11-05
	《山东省精品旅游发展专项规划（2018—2022年）》	山东省人民政府	2018-11-08
	《山东省新材料产业发展专项规划（2018—2022年）》	山东省人民政府	2018-11-10
	《山东省新一代信息技术产业专项规划（2018—2022年）》	山东省人民政府	2018-11-13
	《山东省海域、无居民海岛有偿使用黑名单管理办法（试行）》	山东省海洋局	2018-12-28

续表

地区	政策 / 规划	发布部门	发布时间
江苏	《关于促进分布式能源微电网发展的指导意见》	江苏省发展改革委	2018-02-27
	《江苏省海域使用管理条例》（2018 修正）	江苏省人民代表大会常务委员会	2018-03-28
	《江苏省渔业管理条例》（2018 修正）	江苏省人民代表大会常务委员会	2018-03-28
	《江苏省海洋主体功能区规划》	江苏省发展改革委、江苏省海洋与渔业局	2018-06-04
上海	《上海市海洋“十三五”规划》	上海市人民政府办公厅	2018-01-02
	《上海国际航运中心建设三年行动计划（2018—2020）》	上海市人民政府办公厅	2018-07-13
	《上海市人民政府关于发布上海市生态保护红线的通知》	上海市人民政府	2018-08-27
	《关于促进上海旅游高品质发展加快建成世界著名旅游城市的若干意见》	上海市人民政府	2018-09-12
	《关于促进本市邮轮经济深化发展的若干意见》	上海市人民政府办公厅	2018-10-17
浙江	《浙江省海洋与渔业局关于加强海岸线保护与利用管理的意见》	浙江省海洋与渔业局	2018-07-22
	《浙江省人民政府办公厅关于促进远洋渔业健康发展的若干意见》	浙江省人民政府办公厅	2018-09-06
	《浙江省海洋与渔业局关于印发〈浙江省海洋功能区划（2011—2020 年）〉（2018 年 9 月修订）的通知》	浙江省海洋与渔业局	2018-10-15

续表

地区	政策 / 规划	发布部门	发布时间
福建	《关于废止〈福建省海域采砂临时用海管理办法〉的决定》	福建省人民政府	2018-08-20
	《建设现代产业体系培育千亿产业集群推进计划(2018—2020年)》	福建省发展改革委、福建省经济和信息化委员会	2018-09-27
	《福建省开展21世纪海上丝绸之路核心区创新驱动发展试验实施方案》	福建省发展改革委	2018-09-29
	《福建省生态文明建设促进条例》	福建省人民代表大会常务委员会	2018-09-30
	《关于福州市海洋功能区划(2013—2020年)的批复》	福建省人民政府	2018-09-25
	《关于平潭综合实验区海洋功能区划(2013—2020年)的批复》	福建省人民政府	2018-09-25
	《关于进一步推进中国(福建)自由贸易试验区改革创新三十五条措施的通知》	福建省人民政府	2018-11-30
广东	《海上风电及陆上风电竞争配置办法》	广东省能源局	2018-11-02
	《广东省海岛旅游发展总体规划(2017—2030年)》	广东省自然资源厅、广东省文化和旅游厅	2018-11-21

续表

地区	政策 / 规划	发布部门	发布时间
广西	《关于加强广西北部湾沿海城市生态环境综合治理工作的实施意见》	广西壮族自治区人民政府办公厅	2018-07-02
	《关于印发广西生物医药产业跨越发展实施方案的通知》	广西壮族自治区人民政府办公厅	2018-09-06
	《广西壮族自治区红树林资源保护条例》	广西壮族自治区人民代表大会常务委员会	2018-09-30
	《关于印发海洋大中型捕捞机动渔船油价补贴作业天数核算办法》	广西壮族自治区海洋和渔业厅	2018-10-16
	《广西科技创新支撑产业高质量发展三年行动方案（2018—2020年）》	广西壮族自治区人民政府	2018-11-29
海南	《海南省河长制湖长制规定》	海南省人民代表大会常务委员会	2018-09-30
	《海南省交通运输脱贫攻坚三年行动实施方案》	海南省交通运输厅	2018-10-01
	《关于印发中国（海口）跨境电子商务综合试验区实施方案的通知》	海南省人民政府办公厅	2018-12-30

表 4　2018 年沿海地区海洋经济主要指标

沿海地区	海洋生产总值（亿元）	海洋生产总值占地区生产总值比重（%）
辽宁	3 140	12
河北	2 548	7
天津	5 028	27
山东	15 502	20
江苏	7 555	8
上海	9 183	28
浙江	7 524	13
福建	10 660	30
广东	19 326	20
广西	1 502	7
海南	1 447	30

表 5　海洋经济发展示范区名单及主要示范任务

（一）设立在市的示范区

序号	示范区名称	主要任务
1	山东威海海洋经济发展示范区	发展远洋渔业和海洋牧场，推动传统海洋渔业转型升级和海洋生物医药创新发展
2	山东日照海洋经济发展示范区	推动国际物流与航运服务创新发展，开展海洋生态文明建设示范
3	江苏连云港海洋经济发展示范区	推动国际海陆物流一体化模式创新，开展“蓝色海湾”综合整治
4	江苏盐城海洋经济发展示范区	探索滨海湿地、滩涂等资源综合保护与利用新模式，开展海洋生态保护和修复
5	浙江宁波海洋经济发展示范区	提升海洋科技研发与产业化水平，创新海洋产业绿色发展模式
6	浙江温州海洋经济发展示范区	探索民营经济参与海洋经济发展新模式，开展海岛生态文明建设示范
7	福建福州海洋经济发展示范区	推进海洋资源要素市场化配置，开展涉海金融服务模式创新
8	福建厦门海洋经济发展示范区	推动海洋新兴产业链延伸和产业配套能力提升，创新海洋环境治理与生态保护模式
9	广东深圳海洋经济发展示范区	加大海洋科技创新力度，引领海洋高技术产业和服务业发展
10	广西北海海洋经济发展示范区	加大海洋经济对外开放合作力度，开展海洋生态文明建设示范

续表

（二）设立在园区的示范区

序号	示范区名称	主要任务
11	天津临港海洋经济发展示范区	提升海水淡化与综合利用水平，推动海水淡化产业规模化应用示范
12	上海崇明海洋经济发展示范区	开展海工装备产业发展模式创新，创新海洋产业投融资体制
13	广东湛江海洋经济发展示范区	创新临港钢铁和临港石化循环经济发展模式，探索产学研用一体化体制机制
14	海南陵水海洋经济发展示范区	开展海洋旅游业国际化、高端化发展示范，创新“海洋旅游 +”产业融合发展模式